职业教育课程改革创新教材

模具拆装与模具制造项目式实训教程

主　编：刘晓芬
副主编：马志鹏　肖红春　黄　鑫
主　审：周平
参　编：李　杰　梁　超　魏茂南
　　　　刘　凯　计四勇　高永江

电子工业出版社

Publishing House of Electronics Industry

北京 · BEIJING

内 容 简 介

本书共有 5 个项目：项目一模具拆装技术与模具制造技术基础，项目二冷冲模拆装实训，项目三塑料模拆装实训，项目四冷冲模制造实训，项目五塑料模制造实训。项目二和项目三分别选用典型冷冲模具、塑料模具进行拆装，通过模具拆装既能掌握正确的模具拆装工艺，又能熟悉模具的结构及其工作原理；项目四和项目五通过制造典型模具使学生比较全面地熟悉、掌握制造模具的全过程。

书中插入了大量的实物图，采用了现行最新国家标准，符合职业教育和职业培训的特点、要求与规律。

本书可作为职业技术院校模具专业及相关专业教材，也可作为模具技术人员的自学用书、参考书和模具技术工人培训教材。

图书在版编目（CIP）数据

模具拆装与模具制造项目式实训教程 / 刘晓芬主编. —北京：电子工业出版社，2013.6
职业教育课程改革创新教材

ISBN 978-7-121-20501-9

Ⅰ. ①模… Ⅱ. ①刘… Ⅲ. ①模具－装配（机械）－中等专业学校－教材②模具－制造－中等专业学校－教材 Ⅳ. ①TG76
中国版本图书馆 CIP 数据核字（2013）第 109318 号

策划编辑：张 凌
责任编辑：张 凌 特约编辑：王纲
印　　刷：北京虎彩文化传播有限公司
装　　订：北京虎彩文化传播有限公司
出版发行：电子工业出版社
　　　　　北京市海淀区万寿路 173 信箱　邮编　100036
开　　本：787×1 092　1/16　印张：8　字数：204.8 千字
版　　次：2013 年 6 月第 1 版
印　　次：2025 年 1 月第11次印刷
定　　价：20.00 元

"模具拆装与模具制造实训"课程是中等职业学校模具制造技术、数控技术专业重要的综合实训课程，本教材是根据教育部新一轮教学改革精神编写的，加强实习、实训教学环节，提高学生的动手能力、全面掌握模具制造技术。

本教材采用项目式的编写方式，行动导向的学习范式，并以项目、课题、工艺、范例、设备等作为课程的呈现形式，比如模具制造实训是以做典型模具的全过程及生产模具的工作过程来编写教材内容的。使教师在做中教，学生在做中学，做中练，通过实训，学生能较全面的掌握生产模具的全过程。教学过程强调德育为先、技能为本，注重学习过程中交流形式的分析，其核心是优化学习过程，旨在加强职业能力培养的教学改革，推动职业教育从以传授知识为主的学科结构化教学范式转向行动导向的教学范式。

建议学时分配：

教学单元	教学内容	建议学时数
模具拆装技术与模具制造技术基础	概述	2 学时
	模具拆装技术及基本技能	2 学时
	模具制造技术及基本技能	4 学时
冷冲模拆装实训	导柱式落料模拆装	22 学时（1 周）
	倒装复合模拆装	
塑料模拆装实训	单分型面注射模拆装	26 学时（1 周）
	双分型面注射模拆装	
冷冲模制造实训	金钥匙落料模制造	22 学时（1 周）
	弹片座冲孔落料模制造	52 学时（2 周）
塑料模制造实训	透明盖塑料模制造	52 学时（2 周）
	杯盖塑料模制造	78 学时（3 周）
合　计		260 学时（10 周）

每班 30 名左右的学生，每位学生拆装 2 套冷冲模、2 套塑料模，每班制作 2 套冷冲模、2 套塑料模。

教学方法建议：

重视实践和实训教学环节，以现场教学为主，坚持"做中学、做中教"。

强化实践能力培养的教学环境，提高教学效率和质量。

本书共有 5 个项目：项目一模具拆装技术与模具制造技术基础，项目二冷冲模拆装实训，项目三塑料模拆装实训，项目四冷冲模制造实训，项目五塑料模制造实训。

本书由武汉市第二轻工业学校刘晓芬主编，武汉市第二轻工业学校马志鹏、肖红春、深圳市宝山技工学校黄鑫担任副主编，参与本书编写的有武汉市第二轻工业学校李杰、梁超、魏茂南，武汉职业技术学院刘凯、计四勇，中国航天科技集团公司中国长江动力集团有限公司工程师、高级技师高永江。

本书由武汉市第二轻工业学校周平担任主审。

由于编者水平有限加上成书仓促，书中难免有疏漏、错误之处，敬请读者指正和谅解。

编　者

2013 年 5 月

目 录

◄◄◄◄◄ 目 录

Contents

模具拆装技术与模具制造技术基础

典型模具图例

　　模具的种类很多，按模具成型的材料不同，模具可分为金属材料成型模具和非金属材料成型模具两大类型。金属材料成型模具有冲压模具、压铸模具、粉末冶金模具、锻压模具、冷挤压模具等；非金属材料成型模具有塑料模具、玻璃模具、橡胶模具、陶瓷模具等，在模具工业的总产值中冲压模具约占 50%，塑料模具约占 33%，压铸模具约占 6%，其他各类模具约占 11%。模具实物如图 1-1 所示。

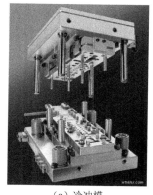

　　（a）冷冲模　　　　　　　　　　　　　　　（b）塑料模

图 1-1　模具实物图

项目实训说明

　　本项目将介绍模具及模具制造技术的发展，模具拆装技术、模具拆装的基本技能及实训任务和学习要求，模具制造技术、模具制造的基本技能及实训任务和学习要求。

课题一　　概　　述

一、模具概述

　　模具是制造过程中的重要工艺装备，模具工业是国民经济的基础产业，是技术密集的高技术行业，模具专业人才是制造业紧缺人才。

　　模具制造技术水平的高低，是衡量一个国家产品制造水平高低的重要标志之一。在日本模具被誉为"进入富裕社会的原动力"，在德国被称为"金属加工业中的帝王"。

模具在铸造、锻造、冲压、塑料、橡胶、玻璃、粉末冶金、陶瓷等行业中得到了广泛的应用。模具质量的高低决定着产品质量的高低，因此，模具被称为"百业之母"、"效益放大器"。

用模具生产的最终产品的价值，往往是模具自身价值的几十倍、上百倍。据统计，模具业产值与其相关业产值之比约为 1：100，即每 1 亿元模具即可带动约 100 亿元的相关产业的发展，模具业的整体发展态势成为折射相关行业发展的一面镜子。

某些发达国家的模具总产值已经超过了机床工业的总产值，模具工业已经从从属地位发展成为独立的行业。近年来，中国汽车、家电、IT 产业的快速发展，以及世界模具产业基地向中国的转移，有力地拉动了中国模具行业的发展，2005—2011 年，中国模具产量年复合增长 9.7%；销售额年复合增长 12.6%。

与此同时，中国的模具产品结构也不断优化，目前大型、精密、复杂、长寿命模具和模具标准件的国内市场占比已经达到 50%以上。此外，塑料模和压注模在模具中的比重也不断提升。

在区域发展方面，中国已经形成了珠三角、江浙沪、京津冀、中部地区四大模具集聚区。2011 河北模具产量为 477.7 万套，产值为 50.0 亿元，稳居行业首位。汽车模具和塑料模具是河北省两大模具产品，其 2011 年产值分别占到河北模具总产值的 36.0%和 34.0%。

在企业方面，中国已经形成了一批具有竞争优势的企业，如汽车覆盖件模具方面的天汽模、成飞集成、一汽模；汽车轮胎模具方面的巨轮股份、豪迈科技；塑料异型材模具方面的中发科技；精密模具方面的昌红科技；模具标准件方面的香港龙记集团等。

与此同时，外资企业纷纷抢滩中国模具市场，其中最具代表性的是日系企业。目前，日本主要汽车制造商都在中国建立了模具公司，如丰田、东芝、夏普、本田、三菱、富士等；同时日本的多个模具制造企业也加快了在中国的发展，如荻原、黑天精工、旭光等。

此外，美国、欧洲的企业也开始布局中国模具市场，如耐普罗（Nypro）、安德泰（Adval Tech）、海拉（Hella）、贝尔罗斯（Perlos）等。

用模具生产的产品以零件总数百分比计算：汽车、拖拉机产品中占 60%～70%，无线电通信、机电产品中占 60%～75%，钟表、家电产品中占 95%。可以说，在人类生活中到处都能看到模具技术生产出来的产品，在国防、航空航天工业生产中也占有很大的比例。

模具生产的工艺水平及科技含量的高低，已成为衡量一个国家科技与产品制造水平的重要标志，它在很大程度上决定着产品的质量、效益、新产品的开发能力，决定着一个国家制造业的国际竞争力。

二、模具制造技术的发展

模具制造技术迅速发展，已成为现代制造技术的重要组成部分。现代模具制造技术正朝着加快信息驱动、提高制造柔性、敏捷化制造及系统化集成的方向发展。具体表现在模具的 CAD/CAM 技术、模具的激光快速成型技术、模具的精密成型技术、模具的超精密加工技术，模具在设计中采用有限元法、边界元法进行流动、冷却、传热过程的动态模拟技术，模具的 CIMS 技术，正在开发的模具 DNM 技术以及数控技术等先进制造技术方面。

1．高速铣削：第三代制模技术

高速铣削加工不但具有加工速度高以及良好的加工精度和表面质量，而且与传统的切削加工相比具有温升低（加工工件只升高 3℃）、热变形小的优点，因而适合温度和热变形敏感材料（如镁合金等）的加工；还由于切削力小，可适用于薄壁及刚性差的零件加工；合理选用刀具和切削用量，可实现硬材料（60HRC）加工等一系列优点。高速铣削加工技术仍是当前的热门话题，它已向更高的敏捷化、智能化、集成化方向发展，成为第三代制模技术。

2．电火花铣削和"绿色"产品技术

从国外的电加工机床来看，性能、工艺指标、智能化、自动化程度都已达到了相当高的水平，目前国外的新动向是进行电火花铣削加工技术（电火花创成加工技术）的研究开发，这是一种替代传统的用成型电极加工型腔的新技术，它是用高速旋转的简单的管状电极进行三维或二维轮廓加工（像数控铣一样），因此不再需要制造复杂的成型电极，这显然是电火花成型加工领域的重大发展。

在电火花加工技术进步的同时，电火花加工的安全和防护技术越来越受到人们的重视，许多电加工机床都考虑了安全防护技术。目前欧共体已规定没有"CE"标志的机床不能进入欧共体市场，同时国际市场也越来越重视安全防护技术的要求了。

目前，电火花加工机床的主要问题是辐射骚扰，因为它对安全、环保影响较大，在国际市场越来越重视"绿色"产品的情况下，作为模具加工的主导设备电火花加工机床的"绿色"产品技术，将是今后必须解决的难题。

3．新一代模具 CAD/CAM 软件技术

目前，英、美、德等国及我国一些高等院校和科研院所开发的模具软件，具有新一代模具 CAD/CAM 软件的智能化、集成化、模具可制造性评价等特点。

新一代模具软件以立体的思想、直观的感觉来设计模具结构，所生成的三维结构信息能方便地用于模具可制造性评价和数控加工，这就要求模具软件在三维参数化特征造型、成型过程模拟、数控加工过程仿真及信息交流和组织与管理方面达到相当完善的程度并有较高集成化水平。

在新一代模具软件中，可制造性评价主要包括模具制造技术费用的估算、模具可装配性评价、模具零件制造工艺性评价、模具结构及成型性能的评价等。新一代软件还应有面向装配的功能，因为模具的功能只有通过其装配结构才能体现出来。采用面向装配的设计方法后，模具装配不再是逐个零件的简单拼装，其数据结构既能描述模具的功能，又可定义模具零部件之间相互关系的装配特征，实现零部件的关联，因而能有效保证模具的质量。

4．先进的快速模具制造技术

（1）激光快速成型技术（RPM）发展迅速，我国已达到国际水平，并逐步实现商品化。

（2）无模多点成型技术是用高度可调的冲头群体代替传统模具进行板材曲面成型的又一先进制造技术，无模多点成型系统以 CAD/CAM/CAT 技术为主要手段，快速经济地实

现了三维曲面的自动成型。

5. 镜面抛光的模具表面工程技术

模具抛光技术是模具表面工程中的重要组成部分，是模具制造过程中后处理的重要工艺。目前，国内模具抛光至 $Ra0.05\mu m$ 的抛光设备、磨具磨料及工艺，可以基本满足需要，而要抛至 $Ra0.025\mu m$ 的镜面抛光设备、磨具磨料及工艺尚处于模索阶段。随着镜面注塑模具在生产中的大规模应用，模具抛光技术就成为了模具生产的关键问题。由于国内抛光工艺技术及材料等方面还存在一定问题，所以如傻瓜相机镜头注塑模，CD、VCD 光盘及工具透明度要求高的注塑模仍有很大一部分依赖进口。模具表面抛光不只受抛光设备和工艺技术的影响，还受模具材料镜面度的影响，这一点还没有引起足够的重视，也就是说，抛光本身受模具材料的制约。例如，用 45 号碳素钢做注塑模时，抛光至 $Ra0.2\mu m$ 时，肉眼可见明显的缺陷，继续抛下去只能增加光亮度，而粗糙度已无望改善，故目前国内在镜面模具生产中往往采用进口模具材料，如瑞典的一胜百 S136、日本大同的 PD555 等都能获得满意的镜面度。

课题二　模具拆装技术及基本技能

一、模具拆装概述

模具拆装实训是模具制造技术专业教学中重要的实践教学环节之一，是模具制造技术专业的学生在学习模具制造技术时，在教师的指导下，对生产中使用的冷冲压模具和塑料模具进行拆卸和重新组装的实践教学环节。通过对冷冲压模具和塑料模具的拆装实训，进一步了解模具典型结构及工作原理，了解模具的零部件在模具中的作用、零部件相互间的装配关系，掌握模具的装配过程、方法和各装配工具的使用方法。

二、模具拆装的基本技能

（1）拆装原理。
（2）拆装顺序。
（3）拆装方法。
（4）拆装工具的使用及维护。
（5）量具的使用及维护。

三、模具拆装实训任务及要求

1. 任务

通过模具拆装学习和训练了解模具的种类及基本结构，掌握冷冲模、塑料模具拆装方法与步骤，会拆装典型冷冲模、塑料模，熟悉模具中各组成零件的作用；学会模具零件测绘及绘制模具装配图；熟练使用拆装工具；培养分析问题和解决问题的能力。

具体要求如下：

分析模具典型结构；

拆卸模具和记录各零部件相互关系和编制序号，测量零件尺寸；

绘制模具总装图；

重新组装模具；

分析凸模与凹模结构、模具间隙等；

认真填写实训报告；

遵守纪律和安全操作规程，保持工作岗位的整洁。

2. 要求

（1）每个学生都能独立、熟练地拆装冷冲模、塑料模，熟悉典型冷冲模和塑料模的工作原理、结构特点及拆装方法，熟悉冷冲模和塑料模上各零部件的功用、相互间的配合关系及加工要求，了解冲模和塑模封闭高度、轮廓尺寸及模柄与压力机以及注塑机技术参数的相互关系；能正确地使用模具装配常用的工具和辅具；能正确地草绘模具结构图、部件图和零件图；掌握模具拆装的一般步骤和方法；通过观察模具的结构能分析出零件的形状；能对所拆装的模具结构提出自己的改进方案；能正确描述出该模具的的工作过程。

（2）以本书为指导，结合模具拆装实习，使学生快速掌握冷冲模、塑料模的基本结构和拆卸技能，拓宽知识面，提高动手能力和思考能力。

（3）每个学生独立完成实训报告及总装图、零件图的绘制。实训报告要求文字通顺、条理清楚、书写工整。

（4）拆卸和装配模具时，首先应仔细观察模具，务必搞清楚模具零部件的相互装配关系和紧固方法，并按钳工的基本方法进行操作，以免损坏模具零件。

（5）在拆装过程中，切忌损坏模具零件，对教师指出的不能拆卸的部位，不能强行拆卸。拆卸过程中对少量损伤的零件应及时修复，严重损坏的零件应更换。

（6）对模具进行维护与保养。

课题三 模具制造技术及基本技能

一、模具制造技术概述

模具制造是指在相应的制造装备和制造工艺的条件下，直接对模具构件用材料（一般为金属材料）进行加工，以改变其形状尺寸、相对位置和性质，使之成为符合要求的构件，再将这些构件经配合、定位、连接并固定装配成为模具的过程。这一过程是通过按照各种专业工艺和工艺过程管理、工艺顺序进行加工、装配来实现的。

以下从三个方面阐述其特点。

1. 模具生产的工艺特点

一套模具制造完成后，通过它可以生产出数十万件零件或制品，但是制造模具自身，只能单件生产。

（1）制造模具零件的毛坯，通常用木模、手工造型、砂型铸造或自由锻造加工而成，但毛坯的精度较低，加工余量较大。

（2）模具零件除采用一般普通机床如车床、万能铣床、内外圆磨床、平面磨床加工外，还需要采用高效、精密的专用加工设备和机床来加工，如数控车床、数控铣床、加工中心、电火花成型机床、线切割加工机床、成型磨削机床、电解加工机床等。

（3）高速加工技术对模具加工工艺产生了巨大影响，改变了传统模具加工采用的"退火→铣削加工→热处理→磨削"或"电火花加工→手工打磨、抛光"等复杂冗长的工艺流程。

（4）一般模具广泛采用配合加工，对于精密模具应考虑工作部分的互换性。

（5）模具生产专业厂一般都实现了零部件和工艺技术及其管理的标准化、通用化、系列化，把单件生产转化为批量生产的方式。

2．模具生产方式的选择

（1）模具批量较小的生产，在制模工艺上一般采用单件生产及配制的方式。

（2）模具批量较大的生产，可以采用成套性生产，即根据模具标准化、系列化设计，使模具坯料成套供应，这样做的目的是生产出来的模具部件通用性及互换性强，并且模具的生产周期短，质量也较稳定。

（3）如同一种零件制品需要多个模具来完成，在加工和调整模具的同时，应保持前后的连续性。在调整时，应由一个调整组负责到底直到生产出完整合格的零件制品为止。

3．制造模具的特点

（1）模具在制造过程中，同一工序的加工，往往内容较多，故生产效率较低。

（2）模具制造对工人的技术等级要求较高。

（3）模具在加工中，有些工作部分的尺寸及位置，必须经过试验后来确定。

（4）装配后的模具，均需要试模和调整。

（5）模具生产周期一般较长，成本也较高。

（6）模具生产是典型的单件生产，故生产工艺、管理方式、制造模具工艺都具有独特的规律与适应性。

二、模具制造的基本技能

（1）车床、铣床、磨床、钻床等普通机床的操作。

（2）数控车床、数控铣床及加工中心机床的操作。

（3）数控线切割机床及电火花成型机床的操作。

（4）模具装配及调试。

（5）模具在压力机、注塑机上的安装与调试。

三、模具制造实训任务及要求

1．任务

通过与工厂生产模式一样的模具制造实训，强化对模具制造技术的综合应用能力，在技能训练中建立模具生产与管理的整体概念，增强团队精神，提高模具加工制造与装配的动手能力，使学生直接与工厂的生产模式零距离接触，较快地适应工厂的环境。

2．要求

（1）掌握模具的制造方法和工艺过程。

（2）了解模架的技术要求和加工装配技术。

（3）熟悉型腔、型芯的加工技巧。

（4）熟悉模具的装配、安装试模技术。

（5）熟悉模具 CAD/CAM 系统的组成、常用软件。

（6）能够独立操作实训车间的各种机床。

（7）认真填写实训报告。

（8）遵守纪律和安全操作规程，保持工作岗位的整洁。

 思考题

1．简述模具在国民经济中的地位。

2．简述模具制造的特点。

3．简述模具拆装实训的任务及要求。

4．简述模具制造技术的基本技能。

冷冲模拆装实训

项目实训说明

本项目详细介绍了两套典型冷冲模的拆装过程，首先对模具结构进行分析，熟悉冷冲模具六大组成部分的名称和作用，之后要求学生在老师的指导下拆装模具，并绘制模具装配图，通过模具拆装实训可以使学生熟悉冲模的内部结构、工作原理，为以后模具制造技术打下基础。

本实训使用了铜棒、内六角扳手、铁锤等工具及游标卡尺、钢直尺等量具。

安全操作规程

实训是职业学校学生重要的实践环节，安全教育是实训中首要和重要的内容，在实训中第一个内容是安全教育，没有进行安全教育的学生，不能继续下一步的实训。学生应严格执行安全操作规程，树立安全理念、强化安全意识。

进行冷冲模拆装实训的学生应认真学习模具拆装安全操作规程（参见附录1）。

课题一　导柱式落料模拆装

导柱式落料模（图2-1）的上模、下模利用导柱和导套来保证其正确的相对位置，所以凸、凹模间隙均匀，制件质量比较高，模具寿命也比较长，导柱、导套都是圆柱形，加工、安装维修比较方便。其缺点是制造成本比较高。

一、模具结构分析

1. 工作原理（图2-2）

模具固定安装在压力机上，利用压力机上滑块向下运动，使模具达到冲压分离的效果。冲压时将条料放在下模

图2-1　导柱式落料模

工作面上，上模部分快速向下运动，压料板（弹压卸料板）首先利用弹簧（橡胶）的弹压力将板料压紧，上模继续向下运动，凸模利用与凹模的配合间隙，使板料产生弹性变形、塑性变形、断裂分离，使冲压的制品与板料分离开来，最后，上模部分向上运动，卸料板（弹压卸料板）利用弹簧的弹力将箍在凸模上的废料卸下来，滑块回到上止点，完成一次工作循环。随后，模具又开始下一次工作。

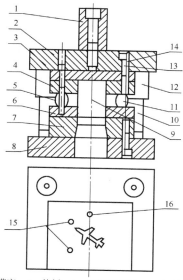

1—模柄；2—上模座；3—垫板；4—凸模固定板；5—卸料螺钉；6—卸料板
7—凹模；8—下模座；9—凸模；10—导柱；11—聚氨酯弹性体；12—导套
13—内六角圆柱头螺钉；14—圆柱销；15—浮动导料销；16—浮动挡销

图 2-2　导柱式落料模装配图

2．拆装准备工作

工、量具如图 2-3 所示。

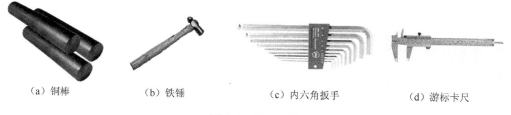

（a）铜棒　　　　　（b）铁锤　　　　　（c）内六角扳手　　　　　（d）游标卡尺

图 2-3　工、量具

二、模具拆卸

1．分模过程（图 2-4）

（1）手提法：一般对小冲模可用双手握住上模板的导套附近，然后用力上提即可使上、下模分离。

（2）敲击法：若手提法不能分离，可将整个模具平放于工作台上，用铜棒依次敲击下模板四周，即可使其导柱脱离。

分模完成：注意分离后的上模部分应侧平放置，以免损坏模具刃口。

2．拆卸上模

上模拆卸顺序：模柄→卸料螺钉→卸料板→凸模固定板→垫板→上模座。具体如图 2-5

所示。

（a）手提法

（b）敲击法

（c）分模完成

图 2-4　分模

（a）拆卸模柄

（b）拆卸卸料螺钉

（c）拆卸卸料板

（d）拆卸销钉

（e）拆卸螺钉，分离凸模固定板、
　　垫板、上模座。上模部分拆卸完成

图 2-5　拆卸上模

3．拆卸下模

下模拆卸顺序：凹模→下模座。具体如图 2-6 所示。

（a）拆卸下模准备

（b）打出销钉

（c）拆卸螺钉

（d）分离凹模、下模座，
　　完成下模拆卸

图 2-6　拆卸下模

拆卸完成后应将模具各部分零件、组件按结构顺序摆放以方便观察和装配。

三、模具装配

装配上模、下模及上下合模。装配顺序与拆卸顺序刚好相反，但要注意：装配前要用干净棉纱仔细擦净销钉、窝座、导柱与导套等配合面，若存有油垢，将会影响配合面的装配质量。销钉要用铜棒（锤）垂直敲入，螺钉应拧紧。

1．下模装配

下模装配顺序：下模座→凹模→定位销→螺钉。具体如图2-7所示。

（a）将下模座和凹模装配并打入销钉　　　（b）安装螺钉　　　（c）下模部分装配完成

图2-7　下模装配

2．上模装配

上模装配顺序：上模座组件（上模座+导套）→垫板→凸模固定板组件（凸模固定板+凸模）→定位销→螺钉→卸料机构（卸料板+橡皮+卸料螺钉）→模柄。具体如图2-8所示。

（a）将垫板放在上模座上　　（b）在垫板上放凸模组件　　（c）打入销钉　　（d）安装螺钉

  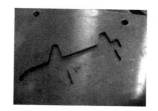

（e）安装卸料机构　　　（f）安装模柄后装配完成　　　（g）凸模和卸料板的安装位置

图2-8　上模装配

3．合模

合模如图2-9所示，合模时应注意以下几点。

（1）上、下模合模时要先弄清上、下模的相互正确位置，使上、下模打字面都朝同一方向，合模前导柱导套应涂以润滑油，上、下模应保持平行，使导套平稳直入导柱。不可用铜棒强行打入。

（2）上模部分安装卸料机构前应先合模，上模刃口即将进入下模刃口时要缓慢进行，防止上下刃口相啃。

（3）安装卸料机构时，卸料板应高出凸模1～2mm。

图2-9　合模

四、小结

（1）了解单工序落料模的特点。

（2）区别冲孔模和落料模。

（3）区别可拆卸件和不可拆卸件。

（4）冷冲模具刃口一般都很锋利，不要被其划伤，也不要用其他硬物损坏刃口。

课题二　倒装复合模拆装

复合模是在压力机的一次行程下，可以同时完成多道工序的冲裁模。

凸凹模安装在下模部分时，叫做倒装复合模（图 2-10）。它采用钢性顶料装置，因此制件的平面度会比较低；冲裁时，不能将条料压住，因此制件的精度会相对降低。故只在对制件精度和平面度要求相对较低时使用，但其结构比正装简单，在实际中应用更为广泛。

图 2-10　倒装复合模

一、模具结构分析

倒装复合模的装配图如图 2-11 所示。

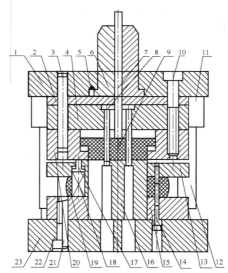

1—上模座；2—垫板；3—圆柱销；4—凸模固定板；5—圆柱销；6—模柄；7—打料杆；8—凸模
9—推件板；10—内六角圆柱头螺钉；11—导套；12—导柱；13—卸料板；14—内六角圆柱头螺钉
15—凸凹模固定板；16—凸凹模；17—浮动挡销；18—弹簧；19—聚氨酯弹性体；20—凹模
21—圆柱销；22—内六角圆柱头螺钉；23—下模座

图 2-11　倒装复合模装配图

冲裁时，弹性卸料板先压住条料起校正作用。继续下行时，落料凹模将弹性卸料板压下，套入落料凸模中，冲孔凸模同时进入冲孔凹模中，于是同时完成冲孔与落料。当上模回程时，弹性卸料板在橡皮作用下将条料从凸凹模上卸下，而打料杆受到压力机横杆的推动，通过打料杆与推件板将冲件从落料凹模中自上而下推出，冲孔废料则直接由凸凹模孔中漏到压力机台面下。

二、模具拆卸

1．分模

（1）手提法：一般对小冲模可用双手握住上模板的导套附近。然后用力上提即可使上、下模分离。

（2）敲击法：若手提法不能分离，可将整个模具平放于工作台上，用铜棒依次敲击下模板四周，即可使其导柱脱离。

分模完成：注意分离后的上模部分应侧平放置，以免损坏模具刃口。

2．拆卸上模

上模拆卸顺序：定位销→螺钉→凹模→推件板→凸模固定板组件（凸模固定板+凸模）→垫板→上模座组件（上模座+导套）。具体如图2-12所示。

（a）拆卸上模部分准备　　　　（b）拆卸销钉　　　　　（c）拆卸螺钉　　　　（d）分离凹模、推件板、凸模
固定板组件、垫板、上模座组件。
上模拆卸完成

图2-12　拆卸上模

3．拆卸下模

下模拆卸顺序：卸料螺钉→卸料板→橡皮→定位销→螺钉→凸凹模固定板组件（凸凹模固定板+凸凹模）→下模座组件（下模座+导柱）。具体如图2-13所示。

（a）拆卸下模准备　　　（b）拆卸卸料机构（卸料螺钉、卸料板、橡皮）　　　（c）拆卸定位销

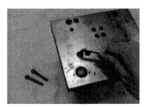 

（d）拆卸螺钉　　　（e）分离凸凹模固定板组件、下模座组件。下模拆卸完成

图2-13　拆卸下模

拆卸完成后应将模具各部分零件、组件按结构顺序摆放以方便观察和装配。

三、模具装配

仔细清理模具上的灰尘、锈迹及油渍，并仔细观察模具外观。对所拆下的每个零件进行观察、测量并记录。记录拆下零件的位置，按一定顺序摆放好，避免在组装时出现错装或漏装零件。拟订装配顺序，以"先拆的零件后装、后拆的零件先装"为一般原则制订装配顺序。按拟订的顺序将全部模具零件装回原来的位置。注意正反方向，防止漏装。观察装配后的模具和拆装前的是否一致，检查是否有错装或漏装等。对凸、凹模配合间隙要尤为注意，冷冲模具刃口一般都很锋利，不要被其划伤，也不要用其他硬物损坏刃口。

1. 下模装配

下模装配顺序：下模座组件（下模座+导柱）→凸凹模固定板组件（凸凹模固定板+凸凹模）→定位销→螺钉→卸料机构（卸料板+橡皮+卸料螺钉）。具体如图2-14所示。

 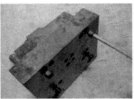  

（a）装配下模座组件及凸凹模   （b）安装下模固定螺钉   （c）安装卸料机构   （d）完成下模装配
固定板组件并打入销钉

图2-14　下模装配

2. 上模装配

上模装配顺序：凹模→推件板→凸模固定板组件（凸模+凸模固定板）→垫板→上模座组件（上模座+导套）→定位销→螺钉。具体如图2-15所示。

（a）将推件板放入凹模中   （b）安装凸模固定板组件及凹模   （c）放上垫板

（d）安装上模座组件   （e）打入定位销钉   （f）安装螺钉   （g）上模部分安装完成

图2-15　上模装配

3. 合模（图2-16）

（1）上、下模合模时要先弄清上、下模的相互正确位置，使上、下模打字面都面向操作者，合模前导柱导套应涂以润滑油，上、下模应保持平行，使导套平稳直入导柱。不可用铜棒强行打入。

（2）上模刃口即将进入下模刃口时要缓慢进行，防止上、下刃口相啃。

四、小结

（1）将其和简单落料模做比较，观察单工序和多工序模具在结构上的区别。

（2）理解凸凹模在结构上的作用。

图2-16　合模

（3）区别可拆卸件和不可拆卸件。

（4）冷冲模具刃口一般都很锋利，不要被其划伤，也不要用其他硬物损坏刃口。

 思考题

1. 简述冷冲模具的工作原理。
2. 简述复合模具的拆装方案。
3. 简述单工序模具和多工序模具的结构区别。
4. 试找出生活中复合模的产品。

项目三

塑料模拆装实训

 项目实训说明

本项目将详细介绍两套典型塑料模的拆装过程，首先对模具结构进行分析，熟悉塑料模具八大组成部分的名称和作用，之后要求学生在老师的指导下拆装模具，并绘制模具装配图，通过模具拆装实训可以使学生熟悉塑模的内部结构、工作原理，为以后学习模具制造技术打下基础。

本实训使用了铜棒、内六角扳手、铁锤等工具。

 安全操作规程

实训是职业学校学生重要的实践环节，安全教育是实训中首要和重要的内容，在实训中第一个内容是安全教育，没有进行安全教育的学生，不能继续下一步的实训。学生应严格执行安全操作规程，树立安全理念、强化安全意识。

进行塑料模拆装实训的学生应认真学习模具拆装安全操作规程（参见附录1）。

课题一 单分型面注射模拆装

单分型面注射模又称两板式注射模，这种模具只在动模板与定模板（二板）之间具有一个分型面，其典型结构如图 3-1 所示。单分型面注射模是注射模具中最简单、最基本的一种形式，它根据需要可以设计成单型腔注射模，也可以设计成多型腔注射模。对成型塑料的适应性很强，因而应用十分广泛。其装配图如图 3-2 所示。

图 3-1 单分型面注射模

一、模具结构分析

注射机从喷嘴中注射出塑料熔体，经由开设在定模上的主流道进入模具，再由分流道及浇口进入型腔，待熔体充满型腔并经过保压、补缩和冷却定型之后开模。

开模时，注射机开合模系统便带动动模后退，这时动模和定模两部分从分型面处分开，塑件包在凸模上随动模一起后退，拉料杆将主流道凝料从主流道衬套中拉出。当动模退到一定位置时，安装在动模内的推出机构在注射机顶出装置的作用下，使推杆和拉料杆分别将塑件及浇注系统的凝料从凸模和冷料穴中推出，塑件与浇注系统凝料一起从模具中落下，至此完成一次注射过程。合模时推出机构靠复位杆复位，从而准备下一次注射。

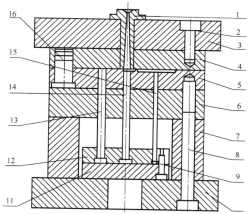

1—浇口套；2—内六角圆柱头螺钉；3—定模座板；4—定模板；5—动模板；6—支承板；
7—垫块；8—内六角圆柱头螺钉；9—内六角圆柱头螺钉；10—动模座板；11—推板；
12—推杆固定板；13—复位杆；14—拉料杆；15—推件杆；16—导柱

图 3-2　单分型面注射模装配图

二、模具拆卸

1．分模

用铜棒敲打定模座板四周，将模具定、动模分开，要求受力均匀，如图 3-3 所示。

图 3-3　分模

2．拆卸定模

定模拆卸顺序：浇口套→定模座板→定模板。具体如图 3-4 所示。

（a）拆卸定模部分准备

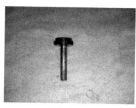

（b）浇口套

（c）定模座板

（d）定模板

（e）定模部分拆卸完成

图 3-4　拆卸定模

3．拆卸动模

动模拆卸顺序：动模座板→垫块→推出机构（推杆、回程杆、拉料杆、推板、推杆固定板、螺钉）→支承板→动模板组件（动模板、导柱）。具体如图3-5～图3-7所示。

（a）拆卸动模准备　　　（b）拆卸动模座板　　　（c）拆卸垫块　　　（d）拆下推出机构

图3-5　拆卸动模

拆下的推出机构及其拆卸完成后如图3-6（a）、（b）所示。拆下的支承板、动模板组件如图3-6（c）、（d）所示。

（a）推出机构　　　（b）拆卸推出机构　　　（c）支承板　　　（d）动模板组件

图3-6　推出机构、动模板组件及其拆卸

动模部分拆卸完成，如图3-7所示。

三、模具装配

拟订装配顺序，以"先拆的零件后装，后拆的零件先装"为一般原则制订装配顺序。按拟订的顺序将全部模具零件装回原来的位置。注意正反方向，防止漏装。

观察装配后的模具和拆装前的是否一致，检查是否有错装或漏装等。

图3-7　动模拆卸完成

1．动模装配

动模部分装配顺序：动模板组件（动模板、导柱）→支承板→推出机构组件（推杆、回程杆、拉料杆、推板、推杆固定板、螺钉）→垫块→动模座板。具体如图3-8所示。

（a）动模板组件装配　　　（b）安装支承板　　　（c）安装推出机构　　　（d）推出机构安装完成

图3-8　动模装配

（e）安装垫块　　　　　　（f）安装动模座板　　　　（g）动模部分安装完成

图 3-8　动模装配（续）

2. 定模装配

定模部分装配顺序：定模板、定模座板→浇口套→螺钉。具体如图 3-9 所示。

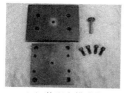   

（a）装配定模准备　　　（b）安装浇口套　　　（c）安装螺钉　　　（d）定模装配完成

图 3-9　定模装配

3. 合模（图 3-10）

动、定模合模时要先弄清动、定模的相互正确位置，合模前导柱导套应涂以润滑油，动、定模应保持平行，使导柱平衡直入导套，严禁强行敲击，以免位置错误损坏型芯或击出导套。

四、小结

（1）了解单分型面模具的特点。
（2）复位机构和顶出机构的作用和区别。
（3）区别可拆卸件和不可拆卸件。
（4）塑料膜型芯型腔部分在拆装时应注意保护。

图 3-10　合模

课题二　双分型面注射模拆装

图 3-11　双分型面注射模

双分型面注射模（图 3-11）有两个分型面，也称三板式注射模。采用点浇口的双分型面注射模可以把制品和浇注系统凝料在模内分离，为此应该设计浇注系统凝料的脱出机构，保证将点浇口拉断，还要可靠地将浇注系统凝料从定模板或型腔中间板上脱离。为保证两个分型面的打开顺序和打开距离，要在模具上增加必要的辅助装置，因此模具结构较复杂。其典型结构如图 3-12 所示。

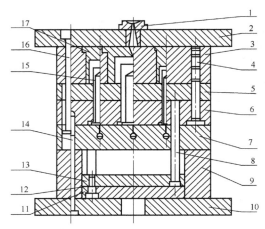

1—浇口套；2—定模座板；3—定模板；4—导柱；5—推件板；6—动模板

7—支承板；8—复位杆；9—垫块；10—动模座板；11—推板；12—内六角圆柱头螺钉

13—推杆固定板；14—内六角圆柱头螺钉；15—型芯；16—定位拉杆；17—型腔

图 3-12 双分型面注射模装配图

一、模具结构分析

如图 3-13 所示，开模时，注射机开合模系统带动动模部分后移，由于弹簧的作用，模具首先在 A-A 分型面分型，中间板随动模一起后移，主流道凝料随之拉出。当动模部分移动一定距离后，固定在中间板上的限位销与定距拉板左端接触，使中间板停止移动。动模继续后移，B-B 分型面分型。因塑件包紧在型芯上，这时浇注系统凝料再在浇口处自行拉断，然后在 A-A 分型面之间自行脱落或人工取出。动模继续后移，当注射机的推杆接触推板时，推出机构开始工作，推件板在推杆的推动下将塑件从型芯上推出，塑件在 B-B 分型面之间自行落下。

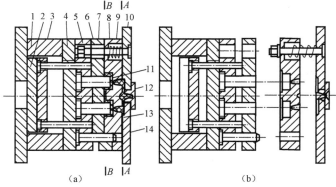

1—垫块；2—推板；3—推杆固定板；4—支撑板；5—动模板（型芯固定板）；6—推件板

7—螺钉；8—弹簧；9—定模板；10—定模座板；11—型芯；12—浇口套；13—推杆（复位杆）；14—导柱

图 3-13 双分型面注射模

二、模具拆卸

1. 分模

用铜棒敲打定模座板四周，将模具定、动模分开，要求受力均匀。

2．拆卸定模部分

定模拆卸顺序：浇口套→定位拉杆→限位螺钉→定模板→定模座板。具体如图 3-14 所示。

（a）浇口套

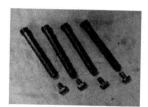
（b）定位拉杆及限位螺钉

（c）定模板

（d）定模座板

（e）定模部分拆卸完成

图 3-14　拆卸定模部分

3．拆卸动模部分

动模拆卸顺序：动模座板→垫块→推出机构→支承板→动模板组件（型芯、导柱）→推件板。具体如图 3-15 所示。

（a）拆卸动模座板

（b）敲下推出机构

（c）拆下的推出机构

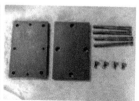
（d）完成拆卸的推出机构

（e）分离动模板组件及支承板

（f）拆下的动模板组件

（g）拆卸动模组件

（h）分离动模组件及推件板。拆卸完成

图 3-15　拆卸动模部分

三、模具装配

拟订装配顺序，以先拆的零件后装，后拆的零件先装为一般原则制订装配顺序。按拟订的顺序将全部模具零件装回原来的位置。注意正反方向，防止漏装。

观察装配后的模具和拆装前的是否一致，检查是否有错装或漏装等。

1．动模部分装配

动模部分装配顺序：动模板组件（型芯、导柱）→推件板→支承板→推出机构组件（推杆固定板、推杆、推板、螺钉）→垫块→动模座板。具体如图 3-16 所示。

（a）安装型芯　　　　　（b）安装导柱　　　　　（c）安装推件板　　　　（d）将动模组件反置

（e）安装支承板　　（f）安装推杆固定板及推杆　　（g）安装推板　　　　（h）安装垫块

（i）安装动模座板　　　　（j）动模部分安装完成

图 3-16　动模部分装配

2．定模部分装配

定模部分装配顺序：定模板→定模座板→浇口套→定位拉杆组件（定位拉杆、限位螺钉）。具体如图 3-17 所示。

（a）对齐定模板、　　　（b）安装定位拉杆　　　（c）安装限位螺钉　　　（d）定模安装完成
定模座板安装浇口套

图 3-17　定模部分装配

3．合模

合模如图 3-18 所示。

动、定模合模时要先弄清动、定模的相互正确位置，合模前导柱、导套应涂以润滑油，动、定模应保持平行，使导柱平衡直入导套，严禁强行敲击，以免位置错误损坏型芯

或击出套圈。合模时手不要拿动模板一侧，以免被夹。

四、小结

图 3-18 合模

（1）将其和单分型面注射模做比较，观察其动作特点并找出结构上的区别。

（2）理解点浇口的作用。

（3）理解定位拉杆的作用。

（4）理解推出结构和塑件的关系。

 思考题

1. 简述塑料模具的工作原理。

2. 简述单分型面注塑模具的拆装方案。

3. 简述双分型面模具各零件的作用。

4. 双分型面模具的制件及浇注系统凝料如何取出？

冷冲模制造实训

 项目实训说明

　　本项目将详细介绍两套典型冷冲模的制造过程，首先对制件图、装配图、零件图进行分析，介绍每个零件的加工工艺，之后要求学生在老师的指导下按零件图加工零件，按装配图装配成模具，并将模具安装到冲床上，调试好，最后试模，制作出试模产品，通过模具制造实训可以使学生熟悉制造模具的全部过程，全面掌握模具制造技术。

　　本实训使用了车床、铣床、磨床、钻床、数控线切割机床、冲床等设备。

 安全操作规程

　　实训是职业学校学生重要的实践环节，安全教育是实训中首要和重要的内容，在实训中第一个内容是安全教育，没有进行安全教育的学生，不能继续下一步的实训。学生应严格执行安全操作规程，树立安全理念、强化安全意识。

　　进行冷冲模制造实训的学生应认真学习：锯床安全操作规程、钻床安全操作规程、铣床安全操作规程、车床安全操作规程、数控线切割机床操作规程、电火花机床安全操作规程、数控车床安全操作规程、数控铣床/加工中心安全操作规程、磨床安全操作规程、冲床安全操作规程、砂轮机安全操作规程（参见附录2～附录13）。

课题一　金钥匙落料模制造

　　金钥匙落料模如图4-1所示。

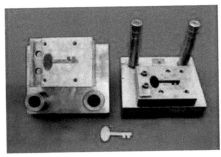

图4-1　金钥匙落料模

　　冷冲压模具制造以冷冲压模具设计图样为依据，通过对原材料的加工和装配来实现。冷冲压模具制造主要包括模架、导向零件、工作零件、定位零件、卸料及压料零件、支承及紧固零件的加工、装配与试模。

一、制件图分析

冲裁是冲压生产中的主要工序之一。金钥匙零件如图 4-2 所示，采用冲裁成型，其工艺分析如表 4-1 所示。

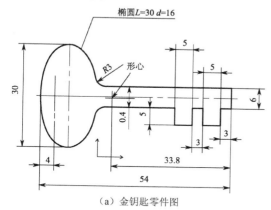

椭圆 $L=30$ $d=16$

R3　形心

（a）金钥匙零件图

零件名称：金钥匙

生产数量：20 万件

材料：20 号钢

厚度：1mm

（b）金钥匙实样图

图 4-2　金钥匙制件图

表 4-1　金钥匙冲裁件工艺分析

项　　目	分　　析
冲裁件形状和尺寸	本产品为一落料零件，形状简单，外形及尺寸的冲压工艺性较好。因工件的形状左右不对称，所以采用交叉排样的方式
冲裁件精度	冲裁件精度按 GB/T 1804—m
冲裁件材料	该冲裁件为 20 号钢板，是优质碳素结构钢，具有良好的可冲压性能
结论：可以冲裁加工	
注：	

二、装配图分析

金钥匙落料模装配图如图 4-3 所示。

1. 模具结构及工作原理

本模具为一单工序简单落料模具，采用钢板后侧导柱模架，弹性方式卸料，冲压件采用导料板与固定挡销相结合的方式定位。

2. 零件

标准件：内六角圆柱头螺钉（3、5、7、9），圆柱销（2、8），聚氨酯弹性体（17），内六角平端紧顶螺钉（11）。

非标准件：下模座（1），导料板（4），上模座（6），模柄（10），垫板（12），凸模（13），凸模固定板（14），导套（15），导柱（16），卸料板（18），凹模（20），挡料板（21），挡料销（22）。

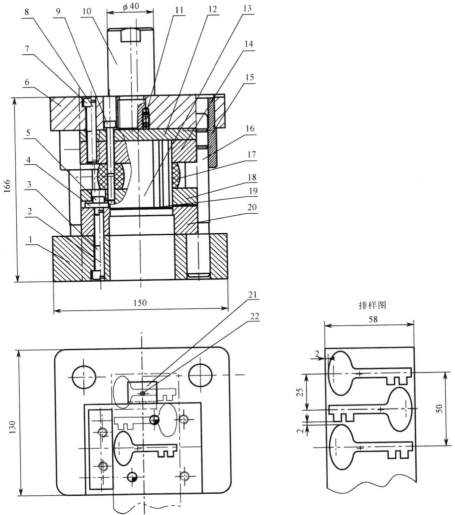

1—下模座；2—圆柱销（$\phi8\times60$）；3—内六角圆柱头螺钉（M8×50）；4—导料板；5—内六角圆柱头螺钉（M6×10）；
6—上模座；7—内六角圆柱头螺钉（M8×45）；8—圆柱销（$\phi8\times50$）；9—内六角圆柱头螺钉（M6×60）；10—模柄；
11—内六角平端紧顶螺钉；12—垫板；13—凸模；14—凸模固定板；15—导套；16—导柱；17—聚氨酯弹性体；
18—卸料板；19—制件（金钥匙）；20—凹模；21—挡料板；22—挡料销

图 4-3　金钥匙落料模装配图

三、零件的加工工艺分析及加工

　　模具属于机械产品，模具的机械加工类同于其他机械产品的机械加工，但又有其特殊性。具体表现在：模具一般是单件小批量生产，模具标准件（例如标准模架）则是成批生产的。工作零件的加工精度要求较高，所采用的加工方法往往有别于一般机械加工方法，模具加工工艺规程也有其特殊的一面。

　　编制冷冲压模具零件加工工艺规程是冷冲压模具制造的前期工作，对于冷冲压模具加工具有指导意义。

（一）模柄

1．零件图分析（图4-4）

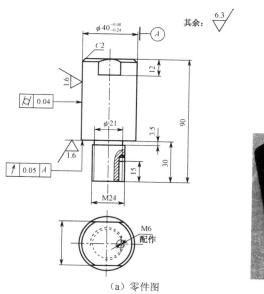

（a）零件图　　　　（b）实体图

图4-4　模柄

模柄是连接上模与压力机滑块的零件，材料为 Q235，主要是车加工，并与上模座组装后配钻止转螺钉孔。

2．加工工艺（表4-2）

表4-2　加工工艺

工 序 号	工 序 名 称	工 序 内 容	机 床 设 备
1	下料	圆钢下料$\phi42\times98$	锯床
2	车削	三爪装夹$\phi42$棒料，伸出长度30	车床
		平端面，钻中心孔	
		一夹一顶装夹棒料，伸出长度大于90	
		粗车外圆至$\phi40.3$，长度大于90	
		粗、精车外圆$\phi24$，控制长度29	
		倒角、切槽3.5×1.5，控制长度30	
		粗、精车 M24 外螺纹	
		精车外圆，控制尺寸$\phi40^{-0.08}_{-0.24}$	
		掉头平端面，倒角 C2，控制全长为90	
3	铣削	铣扁方，控制尺寸32×12	铣床
4	检验	检查、验收	

（二）上模座

1．零件图分析（图4-5）

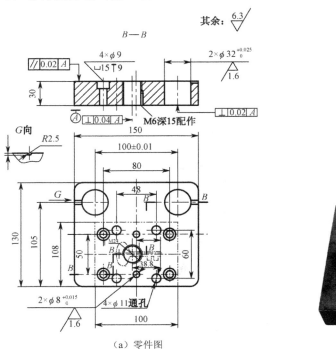

（a）零件图 　　　　　　　　　　（b）实体图

图4-5　上模座

上模座为模架的一个组成部分，零件材料为 Q235，便于机械加工，主要包括零件的周边、上下表面和孔的加工。

2．加工工艺（表4-3）

表4-3　加工工艺

工 序 号	工 序 名 称	工 序 内 容	机 床 设 备
1	下料	板材下料 160×140×32	锯床
2	铣削	铣六面，控制尺寸 150×130×31	铣床
3	平磨	磨削上下两面及相邻两侧面，控制尺寸 30，平行度为 0.02（基准先行）	平面磨床
4	钳加工	按图划线、打样冲	钻床
		按图在 2×φ32 处钻 2×φ4 穿丝孔	
5	线切割	按图切割出 2×φ32$^{+0.025}_{0}$ 导套固定孔	线切割机
6	钳工	钻 M24 螺纹底孔φ21	钻床
		与垫板配钻 4×φ9 螺钉过孔，沉孔φ15，深 9	
		与垫板配钻、铰 2×φ8$^{+0.015}_{0}$ 销钉孔	
		钻 4×φ11 通孔	
		攻 M24 螺纹	
7	检验	检查，验收	

（三）垫板

1. 零件图分析（图4-6）

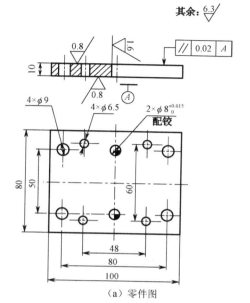

（a）零件图　　　　　　　（b）实体图

图4-6　垫板

垫板是用来承受凸模的压力，防止模座被凸模头部压陷，从而影响凸模正常工作的零件。材料为45号钢，热处理淬火。

2. 加工工艺（表4-4）

表4-4　加工工艺

工 序 号	工 序 名 称	工 序 内 容	机 床 设 备
1	下料	板材下料110×90×15	锯床
2	铣削	铣（刨）六面，控制尺寸100×80×11	铣（刨）床
3	平磨	磨削上下两面，留单面磨削余量0.3（基准先行）	平面磨床
4	钳工	按图划线、打样冲	钻床
		钻4×ϕ9螺钉过孔	
		钻、铰2×$\phi 8^{+0.015}_{0}$销钉孔	
		钻卸料螺钉过孔4×ϕ6.5	
		倒角、去锐	
5	热处理	淬火43～45HRC	热处理炉
6	平磨	磨削上下两面，控制尺寸10，平行度为0.02	平面磨床
7	辅助	退磁	退磁器
8	检验	检查，验收	

（四）凸模固定板

1. 零件图分析（图 4-7）

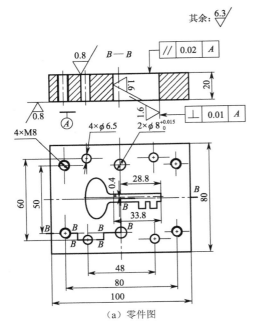

（a）零件图 （b）实体图

图 4-7 凸模固定板

凸模固定板是将凸模连接、固定在正确的位置上的板件，材料为 Q235。铣削外形尺寸后，用线切割切割内型尺寸，并配钻孔。

2. 加工工艺（表 4-5）

表 4-5 加工工艺

工 序 号	工 序 名 称	工 序 内 容	机 床 设 备
1	下料	板材下料 110×90×22	锯床
2	铣削	铣（刨）六面对角尺，控制尺寸 100×80×20.5	铣（刨）床
3	平磨	磨削上下两面及相邻两侧面，控制尺寸 20（基准先行）	平面磨床
4	钳工	按图划穿丝孔线、打样冲	
		钻 $\phi4$ 穿丝孔	钻床
5	线切割	按图纸要求加工型孔	线切割机
6	钳工	与垫板配钻 M8 螺纹底孔 $\phi6.5$	钻床
		与垫板配钻 4×$\phi6.5$ 卸料螺钉穿孔 $\phi6.5$	
		与垫板配钻、铰 $\phi8^{+0.015}_{0}$ 销钉孔	
		倒角、去锐	
		攻 4×M8 螺纹	
7	辅助	退磁	退磁器
8	检验	检查，验收	

3. 凸模固定板型孔的切割步骤

（1）加工方法与凹模相同。

（2）加工程序见表4-6。

表4-6　加工程序

N1	B2748B539B002748GXL4	N23	B563B437B000563GXL1	N45	BBB035677GXL3	N67	B738B629B000738GXL3
N2	B17B694B000694GYL4	N24	B550B522B000550GXL1	N46	BB2920B002333GYSR3	N68	B710B776B000776GYL3
N3	B101B1386B001386GYL4	N25	B532B605B000605GYL1	N47	B239B1042B001042GYL2	N69	B670B916B000916GYL3
N4	B176B1402B001402GYL4	N26	B509B685B000685GYL1	N48	B284B1020B001020GYL2	N70	B618B1045B001045GYL3
N5	B254B1399B001399GYL4	N27	B481B760B000760GYL1	N49	B329B986B000986GYL2	N71	B557B1158B001158GYL3
N6	B333B1373B001373GYL4	N28	B448B829B000829GYL1	N50	B371B943B000943GYL2	N72	B487B1252B001252GYL3
N7	B412B1324B001324GYL4	N29	B411B890B000890GYL1	N51	B411B890B000890GYL2	N73	B412B1324B001324GYL3
N8	B487B1252B001252GYL4	N30	B371B943B000943GYL1	N52	B448B829B000829GYL2	N74	B333B1373B001373GYL3
N9	B557B1158B001158GYL4	N31	B329B986B000986GYL1	N53	B481B760B000760GYL2	N75	B254B1399B001399GYL3
N10	B618B1045B001045GYL4	N32	B284B1020B001020GYL1	N54	B509B685B000685GYL2	N76	B176B1402B001402GYL3
N11	B670B916B000916GYL4	N33	B239B1042B001042GYL1	N55	B532B605B000605GYL2	N77	B101B1386B001386GYL3
N12	B710B776B000776GYL4	N34	B2860B587B002860GXSR2	N56	B550B522B000550GXL2	N78	B32B1352B001352GYL3
N13	B738B629B000738GXL4	N35	BBB019517GXL1	N57	B563B437B000563GXL2	N79	B16B676B000676GYL4
N14	B753B480B000753GXL4	N36	BBB005000GYL4	N58	B570B352B000570GXL2	N80	B2749B557B002749GXL2
N15	B757B334B000757GXL4	N37	BBB005160GXL1	N59	B572B268B000572GXL2	N81	DD
N16	B750B193B000750GXL4	N38	BBB005000GYL2	N60	B570B186B000570GXL2		
N17	B731B62B000731GXL4	N39	BBB002840GXL1	N61	B563B108B000563GXL2		
N18	B552B35B000552GXL1	N40	BBB005000GYL4	N62	B552B35B000552GXL2		
N19	B563B108B000563GXL1	N41	BBB005160GXL1	N63	B731B62B000731GXL3		
N20	B570B186B000570GXL1	N42	BBB005000GYL2	N64	B750B193B000750GXL3		
N21	B572B268B000572GXL1	N43	BBB003000GXL1	N65	B757B334B000757GXL3		
N22	B570B352B000570GXL1	N44	BBB006160GYL2	N66	B753B480B000753GXL3		

（五）凸模

1. 零件图分析（图4-8）

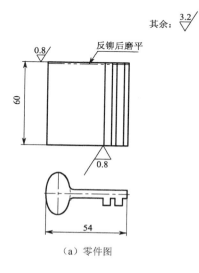

（a）零件图　　　　　（b）实体图

图4-8　凸模

凸模是成型零件，材料为Cr12，热处理淬火，主要是线切割加工外形。

2．加工工艺（表4-7）

表4-7　加工工艺

工 序 号	工 序 名 称	工 序 内 容	机 床 设 备
1	下料	板材下料 65×65×65（锻造板材，双料毛坯）	锯床
2	铣削	粗铣（刨）六面对角尺，控制尺寸 62×62×62	铣（刨）床
3	平磨	磨削上下两面，控制尺寸 61	平面磨床
4	热处理	淬火 58～62HRC	热处理炉
5	平磨	磨削上下两面，控制尺寸 60	平面磨床
6	线切割	按图割出凸模外形	线切割机
7	辅助	退磁	退磁器
8	检验	检查，验收	

3．凸模外形的切割步骤

（1）检查凸模毛坯外形尺寸是否合理。

（2）开机，穿丝，检查钼丝是否安装正确，而且钼丝必须与导电块接触。校正钼丝的垂直度（注意：电流的选择要最小，接触校正块的火花要均匀，必须开启走丝电动机）。

（3）安装凸模，用角尺校正工件，保证凸模基准边与工作台垂直，再用吸铁磁吸住，如图4-9所示。

（4）安装钼丝，按 F1 键移动工作台，将钼丝移动到凸模毛坯的合适位置，并用钢直尺检查是否在合理的加工位置，如图4-10所示。

钼丝

图4-9　校正吸住凸模　　　　图4-10　安装钼丝

（5）自动编程：北京迪蒙卡特机床。

自动编程操作如下：打开 TurboCAD，输入 DXFIN 载入图形，然后将鼠标向上移至主菜单中选择"线切割"项，再选择下拉菜单的"线切割"项；用鼠标选取"M"，点取【起割点位置】或输入【引入线长】，然后点取割点。选取图元切入边及进入点，然后选取切割方向。则切割方向将沿该方向开始切割。重新选取下拉菜单中的"线切割"，然后点取"P"，点取"S"转到设定状态，设定路径补偿值。应考虑由钼丝半径，钼丝放电间隙及模具的配合间隙引起的 r 为：r＝钼丝半径＋钼丝放电间隙－模具的配合间隙。新钼丝直径一般为 0.18mm，在加工过程中路径补偿间隙一般选择 0.1mm。设置完毕，退出。单击鼠标右键，输入程序名，如"TM"。输入完毕单击 OK 按钮确认。完成上述编程后，即可从 CNC2 操作规程界面调出该程序进行加工。操作如下：按 F3 键输入程序名"C:\TCAD\TM"，回车即可。凸模的加工程序见表4-8。

自动编程完毕，检查程序是否正确无误，然后按F7键加工校验，检查几次确保准确无误。

（6）选择加工参数如下：脉冲参数选择 7 号挡，电流选择"1、2、8、9"四个挡位，进给调节选择 3.5，如图 4-11 所示。

（7）开丝→开水→开高频→按 F8 键开始加工。

（8）加工结束在键盘上按任意键→关高频→关水→关丝→取下凸模，清洗干净，检查各尺寸是否合格，如图 4-12 所示。

（9）清洗工作台，关机。

表 4-8　加工程序

N1	B2748B539B002748GXL4	N28	B448B829B000829GYL1	N55	B532B605B000605GYL2
N2	B17B694B000694GYL4	N29	B411B890B000890GYL1	N56	B550B522B000550GXL2
N3	B101B1386B001386GYL4	N30	B371B943B000943GYL1	N57	B563B437B000563GXL2
N4	B176B1402B001402GYL4	N31	B329B986B000986GYL1	N58	B570B352B000570GXL2
N5	B254B1399B001399GYL4	N32	B284B1020B001020GYL1	N59	B572B268B000572GXL2
N6	B333B1373B001373GYL4	N33	B239B1042B001042GYL1	N60	B570B186B000570GXL2
N7	B412B1324B001324GYL4	N34	B2860B587B002860GXSR2	N61	B563B108B000563GXL2
N8	B487B1252B001252GYL4	N35	BBB019517GXL1	N62	B552B35B000552GXL2
N9	B557B1158B001158GYL4	N36	BBB005000GYL4	N63	B731B62B000731GXL3
N10	B618B1045B001045GYL4	N37	BBB005160GXL1	N64	B750B193B000750GXL3
N11	B670B916B000916GYL4	N38	BBB005000GYL2	N65	B757B334B000757GXL3
N12	B710B776B000776GYL4	N39	BBB002840GXL1	N66	B753B480B000753GXL3
N13	B738B629B000738GXL4	N40	BBB005000GYL4	N67	B738B629B000738GXL3
N14	B753B480B000753GXL4	N41	BBB005160GXL1	N68	B710B776B000776GYL3
N15	B757B334B000757GXL4	N42	BBB005000GYL2	N69	B670B916B000916GYL3
N16	B750B193B000750GXL4	N43	BBB003000GXL1	N70	B618B1045B001045GYL3
N17	B731B62B000731GXL4	N44	BBB006160GYL2	N71	B557B1158B001158GYL3
N18	B552B35B000552GXL1	N45	BBB035677GXL3	N72	B487B1252B001252GYL3
N19	B563B108B000563GXL1	N46	BB2920B002333GYSR3	N73	B412B1324B001324GYL3
N20	B570B186B000570GXL1	N47	B239B1042B001042GYL2	N74	B333B1373B001373GYL3
N21	B572B268B000572GXL1	N48	B284B1020B001020GYL2	N75	B254B1399B001399GYL3
N22	B570B352B000570GXL1	N49	B329B986B000986GYL2	N76	B176B1402B001402GYL3
N23	B563B437B000563GXL1	N50	B371B943B000943GYL2	N77	B101B1386B001386GYL3
N24	B550B522B000552GXL1	N51	B411B890B000890GYL2	N78	B32B1352B001352GYL3
N25	B532B605B000605GYL1	N52	B448B829B000829GYL2	N79	B16B676B000676GYL4
N26	B509B685B000685GYL1	N53	B481B760B000760GYL2	N80	B2749B557B002749GXL2
N27	B481B760B000760GYL1	N54	B509B685B000685GYL2	N81	DD

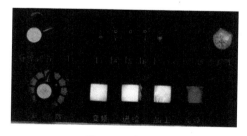

图 4-11　加工参数

图 4-12　凸模

（六）卸料板

1．零件图分析（图 4-13）

卸料板是将冲裁后卡箍在凸模上的板料卸掉，保证下次冲压正常进行。材料为 45 号钢，与上模部分配钻螺钉孔。

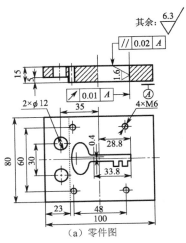

（a）零件图 （b）实体图

图 4-13 卸料板

2．加工工艺（表 4-9）

表 4-9 加工工艺

工 序 号	工 序 名 称	工 序 内 容	机 床 设 备
1	下料	板材下料 110×90×16	锯床
2	铣削	铣（刨）四面对角尺，控制尺寸 100×80	铣（刨）床
3	平磨	磨削上下两面及相邻两侧面，控制尺寸 100×80×15（基准先行）	平面磨床
4	钳工	按图划出切割线、打样冲	钻床
		钻 $\phi4$ 穿丝孔	
5	线切割	线切割加工型孔	线切割机
6	钳工	与凸模固定板（已装凸模）配作螺钉底孔 $\phi5.1$	钻床
		攻 4×M6 螺纹	
7	铣削	按导料板及螺钉孔位置铣避空位及孔 2×$\phi12$	铣床
8	辅助	退磁	退磁器
9	检验	检查，验收	

3．卸料板型孔切割步骤

（1）加工方法与凹模相同。

（2）加工程序见表 4-10。

表 4-10 加工程序

N1	B3964B671B003964GXL3	N28	B445B823B000823GYL1	N55	B526B598B000598GYL2
N2	B16B677B000677GYL4	N29	B409B884B000884GYL1	N56	B543B515B000543GXL2
N3	B101B1381B001381GYL4	N30	B369B938B000938GYL1	N57	B554B430B000554GXL2
N4	B175B1397B001397GYL4	N31	B327B981B000981GYL1	N58	B561B346B000561GXL2
N5	B253B1393B001393GYL4	N32	B283B1015B001015GYL1	N59	B562B263B000562GXL2
N6	B332B1367B001367GYL4	N33	B238B1039B001039GYL1	N60	B558B183B000558GXL2
N7	B410B1318B001318GYL4	N34	B2958B609B002958GXSR2	N61	B550B106B000550GXL2
N8	B485B1245B001245GYL4	N35	BBB019617GXL1	N62	B538B34B000538GXL2
N9	B553B1150B001150GYL4	N36	BBB005000GYL4	N63	B716B60B000716GXL3
N10	B614B1037B001037GYL4	N37	BBB004960GXL1	N64	B734B189B000734GXL3

续表

序号	代码	序号	代码	序号	代码
N11	B663B908B000908GYL4	N38	BBB005000GYL2	N65	B743B327B000743GXL3
N12	B702B768B000768GYL4	N39	BBB003040GXL1	N66	B741B473B000741GXL3
N13	B728B621B000728GXL4	N40	BBB005000GYL4	N67	B728B621B000728GXL3
N14	B741B473B000741GXL4	N41	BBB004960GXL1	N68	B702B768B000768GYL3
N15	B743B327B000743GXL4	N42	BBB005000GYL2	N69	B663B908B000908GYL3
N16	B734B189B000734GXL4	N43	BBB003000GXL1	N70	B614B1037B001037GYL3
N17	B716B60B000716GXL4	N44	BBB005960GYL2	N71	B554B1151B001151GYL3
N18	B538B34B000538GXL1	N45	BBB035577GXL3	N72	B485B1245B001245GYL3
N19	B550B106B000550GXL1	N46	BB3020B002412GYSR3	N73	B410B1317B001317GYL3
N20	B558B183B000558GXL1	N47	B238B1039B001039GYL2	N74	B332B1367B001367GYL3
N21	B562B263B000562GXL1	N48	B283B1015B001015GYL2	N75	B253B1393B001393GYL3
N22	B561B346B000561GXL1	N49	B327B981B000981GYL2	N76	B175B1397B001397GYL3
N23	B555B431B000555GXL1	N50	B369B938B000938GYL2	N77	B101B1381B001381GYL3
N24	B543B515B000543GXL1	N51	B409B885B000885GYL2	N78	B32B1347B001347GYL3
N25	B526B598B000598GYL1	N52	B445B823B000823GYL2	N79	B16B673B000673GYL4
N26	B504B678B000678GYL1	N53	B477B754B000754GYL2	N80	B3964B673B003964GXL1
N27	B477B754B000754GYL1	N54	B504B678B000678GYL2	N81	DD

（七）导套

1. 零件图分析（图4-14）

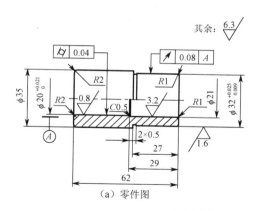
（a）零件图

（b）实体图

图4-14 导套

导套的主要作用是导向、定位，材料为20号钢，内表面渗碳淬火58～62HRC。

2. 加工工艺（表4-11）

表4-11 加工工艺

工序号	工序名称	工序内容	机床设备
1	下料	圆钢下料φ40×68	锯床
2	车削	三爪夹持φ40棒料，伸出长度40	车床
		车端面，钻通孔φ19	
		粗车，半精车φ35外圆，控制长度36	
		倒内外圆R2	
		掉头三爪夹持工件φ35处，伸出长度30	
		车端面，保证全长尺寸为62	
		粗车外圆φ32至φ32.4，控制长度26	

续表

工 序 号	工序名称	工 序 内 容	机 床 设 备
2	车削	半精车内孔 $\phi20$ 至 $\phi19.6$ 通孔	
		粗车，半精车 $\phi21$，长度 29	
		切槽 2×0.5，控制长度 27	
		倒内外 $R1$ 圆弧角	
		检验	
3	热处理	渗碳淬火 58～62HRC	热处理炉
4	内圆磨	磨削内孔，留研磨余量 0.01	内圆磨床
5	外圆磨	芯棒装夹，磨 $\phi32$ 外圆至尺寸	外圆磨床
6	钳加工	研磨内孔 $\phi20$ 到尺寸要求，研磨内圆弧 $R2$	车床
7	检验	检查，验收	

（八）导柱

1．零件图分析（图 4-15）

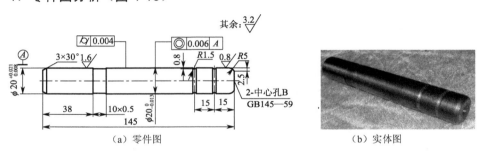

（a）零件图　　　　　　　　　　　　（b）实体图

图 4-15　导柱

导柱的主要作用是导向、定位，材料为 20 号钢，表面渗碳淬火 58～62 HRC。

2．加工工艺（表 4-12）

表 4-12　加工工艺

工 序 号	工序名称	工 序 内 容	机 床 设 备
1	下料	圆钢下料 $\phi22\times150$	锯床
2	车削	三爪夹持 $\phi22$ 棒料平端面，打中心孔	车床
		掉头平端面，打中心孔，控制长度 145	
		双顶尖孔定位装夹，粗、半精车外圆至 $\phi20.4$	
		切槽 10×0.5，控制长度 38	
		切 $R1.5$ 槽两处，分别控制长度 15 两处，深度 1	
		倒 $R5$ 圆弧角	
		检验	
3	热处理	渗碳淬火 58～62HRC，保证深度 0.8～1.2	热处理炉
4	钳加工	研磨两端中心孔	车床
5	外圆磨	用双顶尖孔定位装夹，磨外圆至 $\phi20^{+0.021}_{+0.008}$	车床
6	检验	检查，验收	

（九）凹模

1．零件图分析（图 4-16）

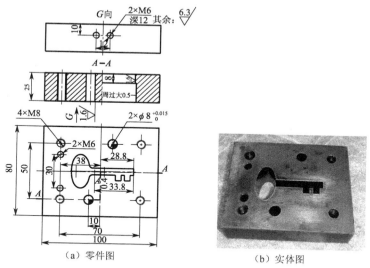

（a）零件图　　　　　（b）实体图

图 4-16　凹模

凹模是成型零件，主要承受冲裁力，材料为 Cr12，热处理淬火，淬火前，铣削外形尺寸，并与下模座配钻孔。

2．加工工艺（表 4-13）

表 4-13　加工工艺

工 序 号	工 序 名 称	工 序 内 容	机 床 设 备
1	下料	板材下料 105×85×28（锻造板材，双料毛坯）	锯床
2	铣削	铣（刨）六面对角尺，留单面磨削余量 0.5	铣（刨）床
3	平磨	磨削上下两面，留单面磨削余量 0.3	平面磨床
4	钳工	按图划线、打样冲	钻床
		按图椭圆中心处钻 $\phi4$ 穿丝孔	
		钻 4×M8 螺孔底孔 $\phi6.8$	
		与下模座配钻、铰 $2×\phi8^{+0.015}_{0}$ 销孔底孔	
		钻 2×M6 导料板螺纹底孔 $\phi5.1$	
		倒角、去锐	
		攻 4×M8、2×M6 螺纹	
5	热处理	淬火 60～64HRC	热处理炉
6	平磨	磨削上下两面，控制尺寸 25，平行度为 0.02	平面磨床
9	辅助	退磁	退磁器
10	线切割	按图割出凹模型孔	线切割机床
11	电火花	电火花加工漏料孔，控制刃口尺寸 8	电火花成型机
12	检验	检查，验收	

3．凹模型孔的切割步骤

（1）检查凹模外形尺寸及穿丝孔的位置尺寸是否正确。

（2）开机，穿丝，检查钼丝是否安装正确，而且钼丝必须与导电块接触。校正钼丝的垂直度（注意：电流的选择要最小，接触校正块的火花要均匀，必须开启走丝电动机），然后卸丝。

（3）安装凹模，用角尺校正工件，保证凹模基准边与工作台垂直，再拧紧压板螺栓，如图 4-17 所示。

（4）按 F1 键移动工作台让凹模的穿丝孔在导轮中心。安装钼丝后，钼丝不能接触到凹模的孔壁。并且用目测法将钼丝移动到凹模穿丝孔的中心位置，如图 4-18 所示。

图 4-17　正压紧凹模　　　　　　　　图 4-18　装钼丝

（5）参照凸模自动编程：按 F3 键输入程序名 "C:\TCAD\AM"，回车即可。凹模的加工程序见表 4-14。

表 4-14　加工程序

N1	B3884B657B006884GXL2	N28	B474B749B000749GYL1	N55	B500B673B000673GYL2
N2	B16B657B000657GYL3	N29	B442B818B000818GYL1	N56	B522B593B000593GYL2
N3	B32B1343B001343GYL4	N30	B407B880B000880GYL1	N57	B538B510B000538GXL2
N4	B101B1377B001377GYL4	N31	B368B933B000933GYL1	N58	B548B426B000548GXL2
N5	B175B1393B001393GYL4	N32	B326B977B000977GYL1	N59	B553B341B000553GXL2
N6	B252B1388B001388GYL4	N33	B282B1011B001011GYL1	N60	B553B259B000553GXL2
N7	B331B1362B001362GYL4	N34	B237B1036B001036GYL1	N61	B549B179B000549GXL2
N8	B408B1312B001312GYL4	N35	B3036B625B003036GXSR2	N62	B540B104B000540GXL2
N9	B482B1239B001239GYL4	N36	BBB019697GXL1	N63	B527B33B000527GXL2
N10	B550B1145B001145GYL4	N37	BBB005000GYL4	N64	B703B59B000703GXL3
N11	B610B1031B001031GYL4	N38	BBB004800GXL1	N65	B721B186B000721GXL3
N12	B659B901B000901GYL4	N39	BBB005000GYL2	N66	B731B322B000731GXL3
N13	B695B761B000761GYL4	N40	BBB003200GXL1	N67	B731B466B000731GXL3
N14	B720B614B000720GXL4	N41	BBB005000GYL4	N68	B720B614B000720GXL3
N15	B731B466B000731GXL4	N42	BBB004800GXL1	N69	B695B761B000761GYL3
N16	B731B322B000731GXL4	N43	BBB005000GYL2	N70	B659B901B000901GYL3
N17	B721B186B000721GXL4	N44	BBB003000GXL1	N71	B610B1031B001031GYL3
N18	B703B59B000703GXL4	N45	BBB005800GYL2	N72	B550B1145B001145GYL3
N19	B527B33B000527GXL1	N46	BBB035497GXL3	N73	B482B1239B001239GYL3
N20	B540B104B000540GXL1	N47	BB3100B002475GYSR3	N74	B408B1312B001312GYL3

N21	B549B179B000549GXL1	N48	B237B1036B001036GYL2	N75	B331B1362B001362GYL3
N22	B553B259B000553GXL1	N49	B282B1011B001011GYL2	N76	B252B1388B001388GYL3
N23	B553B341B000553GXL1	N50	B326B977B000977GYL2	N77	B175B1393B001393GYL3
N24	B548B426B000548GXL1	N51	B368B933B000933GYL2	N78	B101B1377B001377GYL3
N25	B538B510B000538GXL1	N52	B407B880B000880GYL2	N79	B16B671B000671GYL3
N26	B522B593B000593GYL1	N53	B442B818B000818GYL2	N80	B3884B672B003884GXL4
N27	B500B673B000673GYL1	N54	B474B749B000749GYL2	N81	DD

　　自动编程完毕，检查程序是否正确无误，然后按 F7 键加工校验，检查几次确保准确无误。

　　（6）选择加工参数如下：脉冲参数选择 7 号挡，电流选择"1、2、8、9"四个挡位，进给调节选择 4.5，如图 4-19 示。

　　（7）开丝→开水→开高频→按 F8 键开始加工。

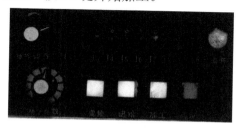

图 4-19　加工参数

　　（8）加工结束在键盘上按任意键→关高频→关水→关丝→卸丝取下凹模，清洗干净，检查各尺寸是否合格。

　　（9）清洗工作台，关机。

（十）导料板

1．零件图分析（图 4-20）

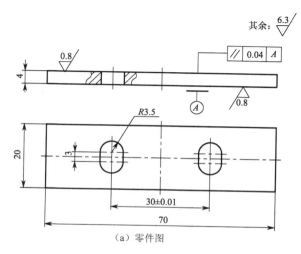

（a）零件图

（b）实体图

图 4-20　导料板

导料板是送料方向的定位零件，材料为 45 号钢，铣削外形尺寸。

2．加工工艺（表 4-15）

表 4-15　加工工艺

工 序 号	工 序 名 称	工 序 内 容	机 床 设 备
1	下料	板材下料 75×25×5	锯床
2	铣削	铣四边，控制尺寸 70×20	铣（刨）床
3	平磨	磨削上下两面及相邻两侧面，留单面磨削余量 0.3	平面磨床
4	钳工	按图划线、打样冲	
5	铣削	铣腰圆孔 2×7×10，中心距 30±0.01	铣床
6	热处理	淬火 43～45HRC	电炉
7	平磨	磨削上下两面及相邻两侧面，控制尺寸 4，平行度 0.04（基准先行）	平面磨床
8	辅助	退磁	退磁器
9	检验	检查，验收	

（十一）挡料板

1．零件图分析

挡料板是送料定距的定位零件，材料为 A3，如图 4-21 所示。

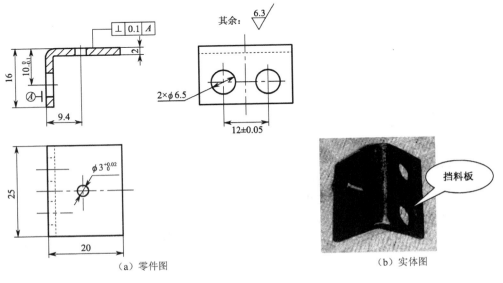

（a）零件图　　　（b）实体图

图 4-21　挡料板

2．加工工艺（表4-16）

表4-16　加工工艺

工 序 号	工 序 名 称	工 序 内 容	机 床 设 备
1	下料	板材下料	锯床
2	钳加工	钳工折弯，尺寸25×16	
		按图划线、打样冲	
		钻2×ϕ6.5螺钉穿孔	钻床
		钻ϕ3挡料销孔底孔	钻床
3	检验	检查，验收	

（十二）挡料销

1．零件图分析（图4-22）

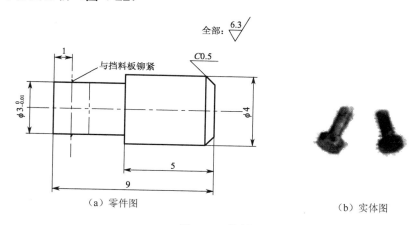

（a）零件图　　　　　　　　（b）实体图

图4-22　挡料销

挡料销用来控制条料的步距，其结构简单，制造容易，材料为45#钢。

2．加工工艺（表4-17）

表4-17　加工工艺

工 序 号	工 序 名 称	工 序 内 容	机 床 设 备
1	下料	钳工下料	锯床
2	车削	三爪装夹工件	车床
		平端面，保证长度为15	
		粗、精车外圆ϕ4，控制长度大于10	
		粗、精车外圆$\phi 3_{-0.01}^{0}$，控制尺寸长度4	
		倒角C0.5	
		切断工件，控制全长为9	
3	检验	检查、验收	

（十三）下模座

1．零件图分析（表4-23）

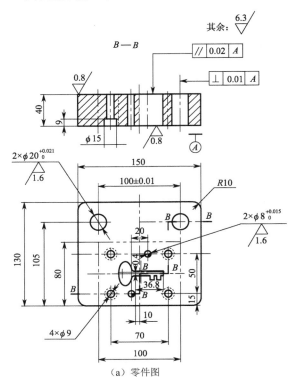

（a）零件图

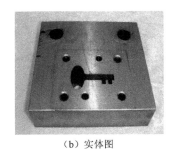

（b）实体图

图4-23　下模座

下模座是固定、支撑的零件，将下模部分固定在压力机的工作平台上，材料为Q235，主要铣削外形尺寸，与凹模配钻孔及切割落料孔。

2．加工工艺（表4-18）

表4-18　加工工艺

工 序 号	工序名称	工 序 内 容	机 床 设 备
1	下料	板材下料 160×140×42	锯床
2	铣削	铣（刨）六面对角尺，控制尺寸 150×130×40.5	铣（刨）床
3	平磨	磨削上下两面，控制尺寸 40，保证上下两面平行度 0.02（基准先行）	平面磨床
4	钳工	按图划线、打样冲	钻床
		按图在 $2×\phi20$ 中心处钻 $2×\phi4$ 穿丝孔，在椭圆中心钻 $\phi4$ 穿丝孔	
5	线切割	按图切割出 $2×\phi20_0^{+0.021}$ 导柱固定孔及钥匙形状漏料孔	线切割
6	钳工	与凹模配钻 $4×\phi9$ 螺钉过孔，沉孔 $\phi15$，深 9	钻床
		与凹模配钻、铰 $2×\phi8_0^{+0.015}$ 销钉孔	
7	辅助	退磁	退磁器
8	检验	检查、校验	

3．下模座型孔的切割步骤

（1）加工方法与凹模相同。

（2）加工程序见表 4-19。

表 4-19　加工程序

N21	B530B424B000530GXL4	N64	BBB001200GXL1	N108	B563B284B000563GXL2
N22	B547B356B000547GXL4	N65	BBB005000GYL4	N109	B547B356B000547GXL3
N23	B563B284B000563GXL4	N66	BBB006800GXL1	N110	B530B424B000530GXL3
N24	B578B208B000578GXL4	N67	BBB005000GYL2	N111	B513B487B000513GXL3
N25	B593B128B000593GXL4	N68	BBB003000GXL1	N112	B494B546B000546GYL3
N26	B609B44B000609GXL4	N69	BBB007800GYL2	N113	B475B600B000600GYL3
N27	B420B25B000420GXL1	N70	BBB036497GXL3	N114	B455B650B000650GYL3
N28	B431B72B000431GXL1	N71	BB2100B001677GYSR3	N115	B435B695B000695GYL3
N29	B438B115B000438GXL1	N72	B107B512B000512GYL2	N116	B414B735B000735GYL3
N30	B440B154B000440GXL1	N73	B105B488B000488GYL2	N117	B392B771B000771GYL3
N31	B439B487B000439GXL1	N74	B105B465B000465GYL2	N118	B368B804B000804GYL3
N32	B433B216B000433GXL1	N75	B107B443B000443GYL2	N119	B675B833B000833GYL3
N33	B423B240B000423GXL1	N76	B110B425B000425GYL2	N120	B314B859B000859GYL3
N34	B410B259B000410GXL1	N77	B115B409B000409GYL2	N121	B284B883B000883GYL3
N35	B392B273B000392GXL1	N78	B121B394B000394GYL2	N122	B253B904B000904GYL3
N36	B371B282B000371GXL1	N79	B129B381B000381GYL2	N123	B219B921B000921GYL3
N37	B347B288B000347GXL1	N80	B139B370B000370GYL2	N124	B483B936B000936GYL3
N38	B325B294B000325GXL1	N81	B150B361B000361GYL2	N125	B146B947B000947GYL3
N39	B303B301B000303GXL1	N82	B163B354B000354GYL2	N126	B107B956B000956GYL3
N40	B283B308B000308GYL1	N83	B177B349B000349GYL2	N127	B65B962B000962GYL3
N41	B263B316B000316GYL1	N84	B193B347B000347GYL2	N128	B11B482B000482GYL3
N42	B245B324B000324GYL1	N85	B210B346B000346GYL2	N129	B4889B482B004889GXL4
N43	B228B332B000332GYL1	N86	B229B347B000347GYL2	N130	DD

四、模具装配

模具装配工序见表 4-20。

表 4-20　装配工序

工 序 号	工序名称	工 序 内 容	工 具	机 床 设 备	夹 具
1	模柄的部装	将模柄旋入上模座			
		检查模柄圆柱面与上模座平面的垂直<0.05			
		钻 M6 止转螺钉底孔ϕ5.1，并攻 M6 螺纹		钻床	
		磨平下端面		平面磨床	专用夹具

工序号	工序名称	工序内容	工 具	机床设备	夹 具
2	凸模的部装	将凸模压入凸模固定板并将端部铆开（H7/n6）	铜棒		
		检查凸模垂直度<公差值>			
		磨平凸模尾端		平面磨床	专用夹具
3	下模的组装	将凹模型孔对正下模座漏料孔			
		用平行夹头将凹模与下模座夹紧，通过凹模螺钉孔在下模座上钻出锥窝			平行夹头
		卸去凹模，在下模座上按锥窝钻、扩孔并在底部钻、锪沉头孔			压板
		用螺钉将凹模与下模座紧固	内六角扳手		
		通过凹模配钻、铰下模座的销孔		钻床	压板
		打入销钉定位	铜棒		
		在凹模上安装导料板与挡料板及固定挡销	铜棒		
4	上模的组装	将凸模套入凹模中，用透光法找正。放上上模座，找正位置后用平行夹头夹紧，通过凸模固定板螺钉孔在上模座上钻出锥窝（复钻）		钻床	平行夹头
		卸去凸模固定板，在上模座上按锥窝钻、扩孔并在顶部钻、锪沉头孔		钻床	
		用螺钉将垫板、凸模固定板与上模座紧固	内六角扳手		
5	卸料板总装	将卸料板套到凸模上，用平行夹头将卸料板与上模座夹紧。通过卸料板上的螺孔在凸模固定板上钻出锥窝（复钻）		钻床	平行夹头
		拆开平行夹头，按锥窝钻凸模固定板及上模座的螺钉过孔，并在上模座的上平面上扩、锪沉头孔		钻床	
		将卸料板套在凸模上，装上弹簧（橡皮），调整卸料螺钉，保证平行度及上下位置			
6	试模	试模并将产品送检验		冲床	
7	固定	钻、铰凸模固定板与上模座的定位销孔		钻床	
		打入销钉定位	铜棒		
8	辅助	上油、编号、入库			

五、模具安装及调试

模具装配完成后，均须按正常工作条件进行安装调试，通过调试找出模具制造中的缺陷并加以调试解决。模具的安装是上模部分通过夹紧模柄安装到冲床滑块下的工作面。下模部分是通过压板、T 形头螺栓压紧在工作台上，调节连杆的长度来调节模具的最小闭合高度。

调试时，先手动使上模缓慢下行，调节最小闭合高度，使上模与下模进入工作位置，不卡阻后，观察上下模的工作间隙是否适当，之后可以试冲工件，调节各部分能调节的零件，使工件达到要求为止。

六、小结

1. 零件加工

（1）严格按照安全操作规程加工。

（2）模具零件加工主要采用了车床、铣床、平面磨床、摇臂钻床等设备。

（3）模具的凸模、凹模及凸模固定板、卸料板、下模座漏料孔等采用了线切割机床加工，凹模的漏料孔采用了电火花成型机床加工。

（4）导柱、导套的精加工采用了内、外圆磨床加工以保证导向精度。

2. 模具装配

（1）首先进行模具的部装。

（2）用垫片法初步确定凸、凹模的位置，然后用透光法调整凸、凹模的间隙。

（3）先用螺钉固定，试冲后再用销钉定位。

3. 冲压、试模

（1）严格按冲压操作规程操作。

（2）先将模具放在冲压机的工作平台上，将压力机离合器合上，用手搬动大带轮旋转使滑块下降，让模柄进入滑块上的固定孔中，使上模部分固定在滑块上。

（3）调节压力机的闭合高度使凸模进入凹模中，用压板压紧下模座，使下模部分固定在压力机工作平台上。

（4）打开压力机电源进行试模加工。

课题二 弹片座冲孔落料模制造

弹片座冲孔落料模实物图如图 4-24 所示。

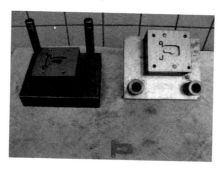

图 4-24　弹片座冲孔落料模

一、制件图分析

制件内外形尺寸精度要求较高（图 4-25），属于批量生产，所以采用冲孔落料复合模。其工艺分析见表 4-21。

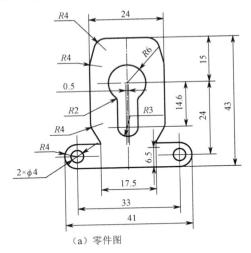

（a）零件图

零件名称：弹片座
生产数件：50万
零件材料：304不锈钢
厚数：0.6mm

（b）实体图

图 4-25　弹片座制件

表 4-21　弹片座冲裁件工艺分析

项　　　目	分　　　析
冲裁件形状和尺寸	本产品为一冲孔落料零件，内外形尺寸的冲压工艺性较好。因工件的形状左右不对称，所以采用交叉排样的方式
冲裁件精度	冲裁件精度按 GB/T 1804—m
冲裁件材料	该冲裁件为 304 不锈钢板，具有良好的可冲压性能
结论：可以冲裁加工	
注：	

二、装配图分析

1．模具结构及原理

此模具为倒装式冲孔落料复合模，采用刚性推件装置把卡在凹模中的冲裁件推下，板料的定位靠导料销和活动挡料销来完成，装配图如图 4-26 所示。

2．零件

标准件：圆柱销（3、5、22），内六角圆柱头螺钉（11，15，23），导套（12），导柱（13），弹簧（19），聚氨酯弹性体（20）。

非标准件：上模座（1）、垫板（2）、凸模固定板（4），模柄（6），打杆（7），打块（8），凸模（9），推件块（10），卸料板（14），凸凹模固定板（16），凸凹模（17），活动挡销（18），凹模（21），下模座（24）。

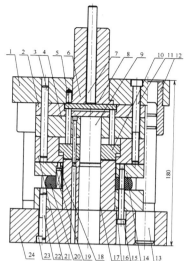

1—上模座；2—垫板；3、5、22—圆柱销；4—凸模固定板；6—模柄；7—打杆；8—打块；9—凸模；
10—推件块；11、15、23—内六角圆柱头螺钉；12—导套；13—导柱；14—卸料板；16—凸凹模固定板；
17—凸凹模；18—活动挡销；19—弹簧；20—聚氨酯弹性体；21—凹模；24—下模座

图 4-26　弹片座装配图

三、零件的加工工艺分析及加工

（一）模柄

1. 零件图分析

模柄是连接冲压设备的纽带（图 4-27）。零件材料为 Q235，便于机械加工。零件的外形为圆形，主要是车加工。与上模座组装后配钻止转销钉孔。

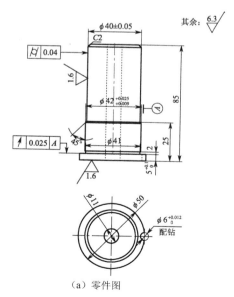

（a）零件图

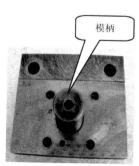

（b）实体图

图 4-27　模柄

2. 加工工艺（表 4-22）

表 4-22　加工工艺

工 序 号	工 序 名 称	工 序 内 容	机 床 设 备
1	下料	圆钢下料 $\phi 55 \times 90$	锯床
2	车削	三爪装夹 $\phi 55$ 棒料，伸出长度 30	车床
		平端面，钻中心孔	
		一夹一顶装夹棒料，伸出长度大于 80	
		粗车外圆至 $\phi 50$，长度大于 80	
		粗、精车 $\phi 50$ 外圆至 $\phi 40 \pm 0.05$，控制长度为 60	
		粗、精车 $\phi 50$ 外圆至 $\phi 42^{+0.025}_{+0.009}$，控制长度为 20	
		倒角 $C2$	
		切槽 2×0.5	
		掉头装夹平端面，控制全长为 85	
		车外圆 $\phi 50$，倒棱	
		钻 $\phi 11$ 通孔	
3	检验	检查、验收	

（二）上模座

1. 零件图分析（图 4-28）

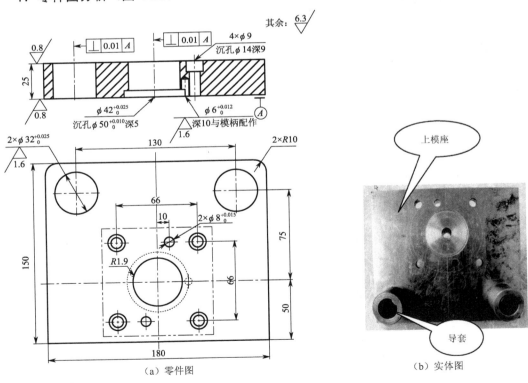

（a）零件图　　　　（b）实体图

图 4-28　上模座

上模座为模架的一个组成部分。零件材料为 Q235，便于机械加工，主要包括零件的周边、上下表面和孔的加工。

2．加工工艺（表4-23）

表4-23　加工工艺

工序号	工序名称	工序内容	机床设备
1	下料	板材下料 190×160×28	锯床
2	铣削	铣六面对角尺，控制尺寸 180×150×25.5	铣床
3	平磨	磨削上下两面及相邻两侧面，控制尺寸 25，平行度为 0.02（基准先行）	平面磨床
4	辅助	退磁	退磁器
5	钳工	按图划线、打样冲	
		按图在 2×ϕ32 处钻 2×ϕ4 穿丝孔	钻床
6	线切割	按图切割出 2×ϕ32$_{0}^{+0.025}$ 导套固定孔	线切割机
7	车工	四爪装夹工件，找中	车床
		按图粗、半精车ϕ42 内孔至ϕ41.5	
		精车ϕ42$_{0}^{+0.025}$ 内孔	
		车ϕ50$_{0}^{+0.1}$ 沉孔，深度为 5	
8	钳工	与凹模配钻 4×ϕ9 通孔，沉孔ϕ14 深 9	摇臂钻床
		与凹模配钻、铰 2×ϕ8$_{0}^{+0.015}$ 销钉孔	
		与模柄组装后，配钻ϕ6$_{0}^{+0.012}$ 孔，深 10	
		倒角、去锐	
9	检验	检查，验收	

（三）垫板

1．零件图分析（图4-29）

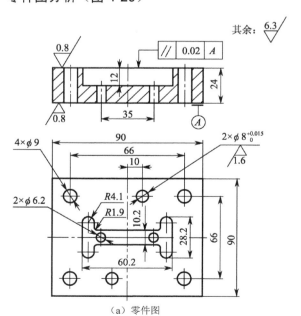

（a）零件图

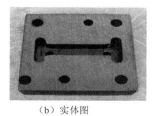

（b）实体图

图4-29　垫板

表 4-24 加工工艺

工 序 号	工 序 名 称	工 序 内 容	机 床 设 备
1	下料	板材下料 100×100×28	锯床
2	铣削	铣（刨）六面对角尺 90×90×25	铣（刨）床
3	平磨	磨削上下两面留单面磨削余量 0.2（基准先行）	平面磨床
4	钳工	与凹模配作螺钉通孔 4×φ9 及销钉孔 2×φ7.8	摇臂钻床
		倒角、去锐	
		与凹模配钻、铰 2×φ8$^{+0.015}_{0}$ 孔	
5	铣削	按图铣削工字形打件块槽，深 12，钻 2×φ6.2 孔	铣床
6	热处理	淬火 43～45HRC	热处理炉
7	平磨	磨削上下两面，控制尺寸 24，平行度为 0.02	平面磨床
8	辅助	退磁	退磁器
9	检验	检查，验收	

（四）凸模固定板

1．零件图分析（图 4-30）

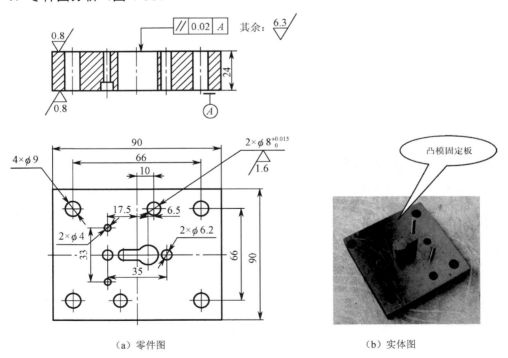

（a）零件图   （b）实体图

图 4-30 凸模固定板

凸模固定板是固定凸模的零件。零件材料为 Q235，便于机械加工。先铣削外形尺寸，再按图切割型孔。最后在装配时配钻螺钉孔及销钉孔。

2．加工工艺（表 4-25）

表 4-25　加工工艺

工 序 号	工 序 名 称	工 序 内 容	机 床 设 备
1	下料	板材下料 100×100×26	锯床
2	铣削	铣（刨）六面对角尺，留单面磨削余量 0.3	铣（刨）床
3	平磨	磨削上下两面，控制尺寸 25（基准先行）	平面磨床
4	辅助	退磁	退磁器
5	钳工	按图划线、打样冲	钻床
		钻 3×ϕ3 穿丝孔	
6	线切割	线切割加工型孔	线切割机
7	钳工	与凹模配钻 4×ϕ9 孔	摇臂钻床
		与垫板配钻 2×ϕ6.2 打杆孔	
		钻 2×ϕ4 沉孔	
		与凹模配钻、铰 2×ϕ8$_{0}^{+0.015}$ 孔	
		倒角、去锐	
8	检验	检查，验收	

（五）凹模

1．零件图分析（图 4-31）

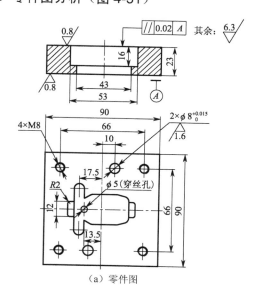

（a）零件图

（b）实体图

图 4-31　凹模

凹模是成型零件，材料是 Cr12MoV，进行热处理淬火。热处理前，铣削外形尺寸、钻孔及切割内型。

2．加工工艺（表4-26）

表4-26　加工工艺

工序号	工序名称	工序内容	机床设备
1	下料	板材下料 95×95×28，（锻造板材，双料毛坯）	锯床
2	铣削	铣（刨）六面对角尺，控制尺寸 90×90×24	铣（刨）床
3	平磨	磨削上下两面，留单面磨削余量 0.3	平面磨床
4	钳工	按图划线、打样冲	摇臂钻床
		钻 4×M8 螺孔底孔 ϕ6.8	
4	钳工	钻、铰 2×$\phi 8^{+0.015}_{0}$ 销孔	钻床
		按图钻穿丝孔 ϕ5	
		倒角、去锐	
		攻 4×M8 螺纹	
5	热处理	淬火 60～64 HRC	热处理炉
6	平磨	磨削上下两面，控制尺寸 23，平行度为 0.02	平面磨床
7	辅助	退磁	退磁器
8	线切割	按图割出凹模型孔	线切割机床
9	电火花	电火花加工推件块滑槽，深 16	电火花成型机
10	检验	检查，验收	

（六）凸模

1．零件图分析（图4-32）

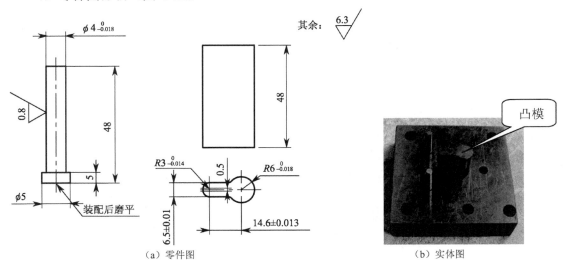

（a）零件图　　　　　　　　（b）实体图

图 4-32　凸模

凸模是成型零件，材料为 Cr12，进行热处理淬火，主要是切割外形尺寸。

2．加工工艺（表4-27）

表4-27　加工工艺

工　序　号	工　序　名　称	工　序　内　容	机　床　设　备
1	下料	板材下料55×30×20（锻造板材，双料毛坯）	锯床
2	铣削	粗铣（刨）六面对角尺，控制上下两面尺寸50	铣（刨）床
3	平磨	磨削上下两面，控制尺寸49 mm	平面磨床
4	热处理	淬火58～62HRC	热处理炉
5	平磨	磨削上下两面，控制尺寸48.5	平面磨床
6	辅助	退磁	退磁器
7	线切割	按图割出凸模外形	线切割机床
8	检验	检查，验收	

（七）推件板

1．零件图分析（图4-33）

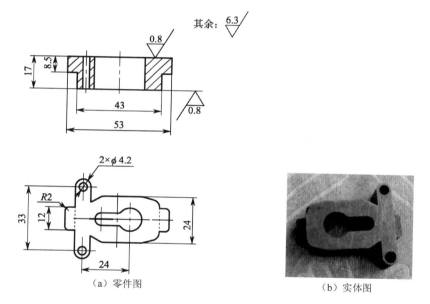

（a）零件图　　　　　　　　　　（b）实体图

图4-33　推件板

将成品从凹模中卸下，压力机的横梁通过打杆把推件力传递到推件板上，从而将制件推出凹模，其材料为4号钢。

2．加工工艺（表4-28）

表4-28　加工工艺

工　序　号	工　序　名　称	工　序　内　容	机　床　设　备
1	下料	板材下料60×45×20	锯床
2	铣削	铣（刨）六面对角尺，控制尺寸58×42×17.5	铣（刨）床

续表

工 序 号	工 序 名 称	工 序 内 容	机 床 设 备
3	平磨	磨削上下两面，控制尺寸 61	平面磨床
4	钳工	按图划线，打样冲	摇臂钻床
		钻 ϕ2.5 穿丝孔	
5	热处理	淬火 43~45HRC	热处理炉
6	平磨	磨削上下两面，控制尺寸 17	平面磨床
7	辅助	退磁	退磁器
8	线切割	按图割出内、外形状	线切割机床
9	检验	检查，验收	

（八）打块

1. 零件图分析（图 4-34）

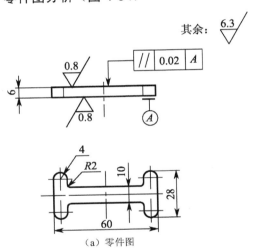

（a）零件图

（b）实体图

图 4-34　打块

打块是承受推件力的零件，材料为 45 号钢，主要切割内形尺寸。

2. 加工工艺（表 4-29）

表 4-29　加工工艺

工 序 号	工 序 名 称	工 序 内 容	机 床 设 备
1	下料	板材下料 70×35×8	锯床
2	铣削	铣（刨）六面对角尺，控制尺 68×30×6.5	铣（刨）床
3	热处理	淬火 43~45HRC	热处理炉
4	平磨	磨削上下两面，控制尺寸 6，平行度为 0.02	平面磨床
5	辅助	退磁	退磁器
6	线切割	按图割出外形达图纸要求	线切割机床
7	检验	检查，验收	

（九）打杆

1．零件图分析（表4-35）

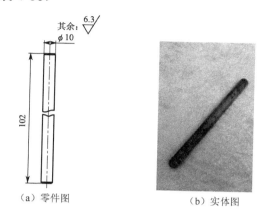

（a）零件图　　　　（b）实体图

图4-35　打杆

打杆是将压力机上的推件力传递给推件板的零件，材料为45#钢，主要车削外形。

2．加工工艺（表4-30）

表4-30　加工工艺

工 序 号	工 序 名 称	工 序 内 容	机 床 设 备
1	下料	钳工下料ϕ12×110	
2	车削	三爪装夹工件	车床
		平端面，钻中心孔	
		采用一夹一顶装夹，粗、精车外圆ϕ10，控制长度大于102	
		锐角倒棱	
		切断工件，控制全长为102	
3	检验	检查、验收	

（十）导柱

1．零件图分析（图4-36）

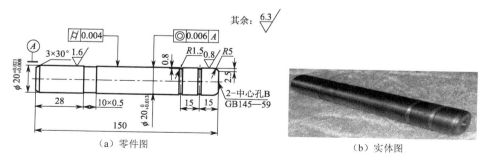

（a）零件图　　　　（b）实体图

图4-36　导柱

导柱主要是导向，材料为 20 号钢，其表面渗碳淬火 58～62HRC。

2．加工工艺（表 4-31）

表 4-31　加工工艺

工 序 号	工 序 名 称	工 序 内 容	机 床 设 备
1	下料	圆钢下料 $\phi22\times150$	锯床
2	车削	三爪夹持 $\phi22$ 棒料平端面，打中心孔	车床
		掉头平端面，打中心孔，控制长度 150	
		双顶尖孔定位装夹，粗、半精车外圆至 $\phi20.4$	
		切槽 10×0.5，控制长度 28	
2	车削	切 $R1.5$ 槽两处，分别控制长度 15 两处，深度为 1	车床
		倒 $R5$ 圆弧角	
		检验	
3	热处理	渗碳淬火 58～62HRC，保证深度 0.8～1.2	热处理炉
4	钳加工	研磨两端中心孔	车床
5	外圆磨	用双顶尖孔定位装夹，磨外圆至 $\phi20^{+0.021}_{+0.008}$	外圆磨床
6	检验	检查，验收	

（十一）导套

1．零件图分析（图 4-37）

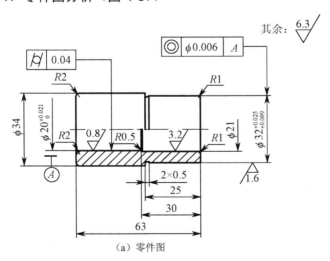

（a）零件图　　　　（b）实体图

图 4-37　导套

导套的主要作用是导向，防止上模与下模错位，材料为 20 号钢，其表面渗碳淬火 58～62HRC。

2．加工工艺（表4-32）

表4-32　加工工艺

工 序 号	工 序 名 称	工 序 内 容	机 床 设 备
1	下料	圆钢下料 $\phi35×68$	锯床
2	车削	三爪夹持 $\phi35$ 棒料，伸出长度 40	车床
		车端面，钻通孔 $\phi18$	
		粗车、半精车 $\phi34$ 外圆，控制长度 38	
		倒内外圆 $R2$	
		掉头三爪夹持工件 $\phi35$ 处，伸出长度 30	
		车端面，保证全长尺寸为 63mm	
		粗车外圆 $\phi32$ 至 $\phi32.4$，控制长度 25	
		半精车内孔 $\phi20$ 至 $\phi19.6$ 通孔	
		粗车、半精车 $\phi21$，长度为 30	
		切槽 2×0.5，控制长度 27	
		倒内外 $R1$ 圆弧角	
		检验	
3	热处理	渗碳淬火 58～62HRC	热处理炉
4	内圆磨	磨削内孔，留研磨余量 0.01	内圆磨床
5	外圆磨	芯棒装夹，磨 $\phi32$ 外圆至尺寸	外圆磨床
6	钳加工	研磨内孔 $\phi20$ 到尺寸要求，研磨内圆弧 $R2$	车床
7	检验	检查，验收	

（十二）卸料板

1．零件图分析（图4-38）

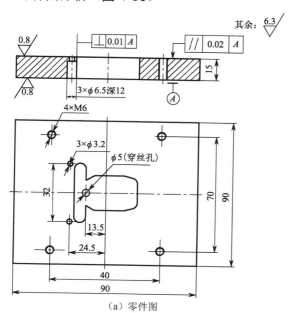

（a）零件图

（b）实体图

图 4-38　卸料板

卸料板具有卸料和压料的双重作用，材料为 45 号钢，与下模部分配钻螺钉孔及切割内形尺寸。

2．加工工艺（表 4-33）

表 4-33　加工工艺

工 序 号	工序名称	工 序 内 容	机 床 设 备
1	下料	板材下料 100×100×18	锯床
2	铣削	铣（刨）六面对角尺，控制尺寸 90×90×15.5	铣（刨）床
3	平磨	磨削上下两面，控制尺寸 15（基准先行）	平面磨床
4	辅助	退磁	退磁器
5	钳工	按图划线、打样冲	
		钻 ϕ5 穿丝孔	摇臂钻床
6	线切割	线切割加工型孔	线切割机
7	钳工	与凸凹模固定板（已装凸凹模）配作螺纹底孔 4×ϕ5.1	摇臂钻床
		钻 2×ϕ3.2 浮动挡销孔	
		钻 2×ϕ6.5 沉孔，深 12	
		倒角、去锐	
		攻 4×M6 螺纹	
8	检验	检查，验收	

（十三）活动挡销

1．零件图分析（图 4-39）

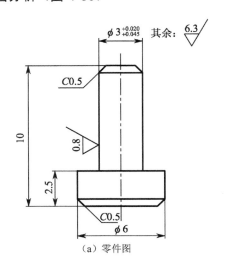

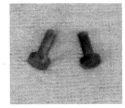

（a）零件图　　　　　　（b）实体图

图 4-39　活动挡销

活动挡销用来控制调料的进距。其结构简单，制造容易，材料为 45 号钢。

2. 加工工艺（表 4-34）

表 4-34　加工工艺

工 序 号	工 序 名 称	工 序 内 容	机 床 设 备
1	下料	钳工下料	
2	车削	三爪装夹工件	车床
		平端面，保证伸出长度大于 15	
		粗、精车外圆 $\phi6$，控制长度大于 10	
		粗、精车外圆 $\phi3^{+0.020}_{+0.045}$，控制尺寸长度 7.5	
		倒角 C0.5	
		切断工件，控制全长为 10	
3	检验	检查、验收	

（十四）凸凹模

1. 零件图分析（图 4-40）

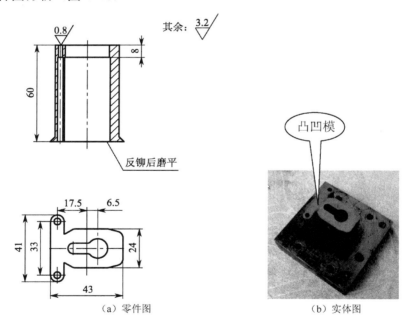

（a）零件图　　　　　（b）实体图

图 4-40　凸凹模

凸凹模是复合模中同时具有落料凸模和冲孔凹模作用的工作零件，材料为 Cr12，进行热处理淬火，切割内外形尺寸。

2. 加工工艺（表 4-35）

表 4-35　加工工艺

工 序 号	工 序 名 称	工 序 内 容	机 床 设 备
1	下料	板材下料 90×65×55（锻造板材，双料毛坯）	锯床
2	铣削	粗铣（刨）六面对角尺，控制尺寸 85×62×50	铣（刨）床

工 序 号	工 序 名 称	工 序 内 容	机 床 设 备
3	平磨	磨削上下两面，控制尺寸 61	平面磨床
4	钳工	按图划线，打样冲	
		钻 $\phi2.5$ 穿丝孔	摇臂钻床
5	热处理	淬火 58～62HRC	热处理炉
6	平磨	磨削上下两面，控制尺寸 60.5	平面磨床
7	辅助	退磁	退磁器
8	线切割	按图割出凸凹模形状	线切割机床
9	电火花	电火花成型加工漏料孔，单边大 0.3，控制刃口深度 8	电火花机床
10	检验	检查，验收	

（十五）凸凹模固定板

1．零件图分析（图 4-41）

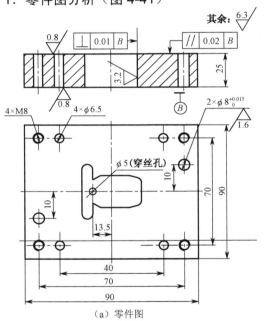

（a）零件图

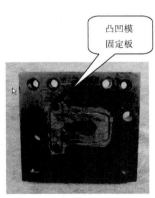

（b）实体图

图 4-41　凸凹模固定板

凸凹模固定板的作用是将凸凹模连接、固定在正确的位置上，材料为 Q235。主要是铣削外形尺寸，与下模板配钻孔及切割内形尺寸。

2．加工工艺（表 4-36）

表 4-36　加工工艺

工 序 号	工 序 名 称	工 序 内 容	机 床 设 备
1	下料	板材下料 100×100×28	锯床
2	铣削	铣（刨）六面对角尺，控制尺寸 90×90×25.5	铣（刨）床

工 序 号	工 序 名 称	工 序 内 容	机 床 设 备
3	平磨	磨削上下面及两侧面，控制尺寸25（基准先行）	平面磨床
4	辅助	退磁	退磁器
5	钳工	按图划穿丝孔线、打样冲	
		钻 $\phi5$ 穿丝孔	钻床
6	线切割	线切割加工型孔	线切割机床
7	钳工	钻 4×M8 螺钉底孔，孔径为 $\phi6.7$	摇臂钻床
		钻 4× $\phi6.5$ 螺钉通孔	
		钻、铰 2× $\phi8_{0}^{+0.015}$ 销钉孔	
		倒角、去锐	
		攻 4×M8 螺纹	
8	检验	检查，验收	

（十六）下模座

1. 零件图分析（图 4-42）

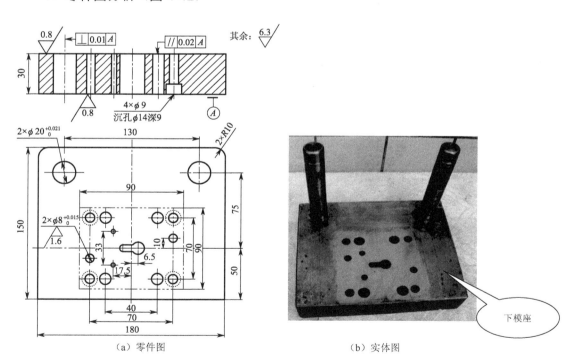

（a）零件图　　　　　　　（b）实体图

图 4-42　下模座

下模座将下模部分固定在冲床平台上，材料为 Q235，铣削外形尺寸，配钻螺钉孔、销钉孔及切割落料孔。

2．加工工艺（表4-37）

表4-37 加工工艺

工 序 号	工 序 名 称	工 序 内 容	机 床 设 备
1	下料	板材下料 190×160×32	锯床
2	铣削	铣（刨）六面对角尺，控制尺寸 180×150×30.5	铣（刨）床
3	平磨	磨削上下两面及相邻两侧面，控制尺寸 30，平行度为 0.02（基准先行）	平面磨床
4	辅助	退磁	退磁器
5	钳工	按图划线、打样冲	
		按图在 2×ϕ22 中心处钻 2×ϕ4 穿丝孔，在葫芦形圆心钻 ϕ4 穿丝孔，	钻床
6	线切割	按图切割出 2×$\phi20^{+0.021}_{0}$ 导柱固定孔，葫芦形状漏料孔	线切割
7	钳工	与凸凹模固定板配钻 4×ϕ9 螺钉通孔，沉孔 ϕ14，深 9	摇臂钻床
		配钻 2×ϕ5 圆形漏料孔	
		钻 4×ϕ13 螺钉沉孔	
		与凸凹模固定板配钻、铰 2×$\phi8^{+0.015}_{0}$	
		倒角、去锐	
8	检验	检查验收	

四、模具装配

模具装配工序见表4-38。

表4-38 模具装配工序

工 序 号	工 序 名 称	工 序 内 容	工 量 具	机 床 设 备	夹具
1	模架的组装	装导柱：用角尺在两个垂直方向检验、校核导柱的垂直度，将导柱缓缓压入下模座	刀口角尺		
		装导套：将上模座反置套上导套，压入导套	铜棒		
		检验，将上模与下模对合，中间垫上等高垫块，检验模架平行度精度	百分表		
2	模柄的组装	按图将模柄压入下模座	铜棒		
		检查模柄与上模座平面的垂直度	刀口角尺		
		配钻、铰止转销钉孔ϕ6		钻床	压板
		装入ϕ6×14 销钉	铜棒		
		钳工修平下端面	锉刀		
3	凸模的组装	将凸模尾部退火、铆翻		热处理炉	
		将凸模固定板相应型孔周边倒角	锉刀		
		用压入法将凸模压入凸模固定板内	铜棒		
		检查垂直度	刀口角尺		
4	凸凹模的组装	将凸凹模尾部退火、铆翻		热处理炉	
		将凸凹模固定板相应型孔周边倒角	锉刀		
		用压入法将凸凹模压入凸凹模固定板内	铜棒		
		检查垂直度	刀口角尺		
		将凸凹模尾部与固定板磨平		磨床	
		掉头磨平凸凹模刃口		磨床	

续表

工 序 号	工 序 名 称	工 序 内 容	工 量 具	机 床 设 备	夹 具
5	下模的组装	将凸凹模组件落料孔对正下模座漏料孔			
		用平行夹头将凸凹模组件与下模座夹紧			平行夹头
		通过凸凹模固定板螺钉孔在下模座上钻出锥窝		钻床	压板
		卸去凸凹模固定板，在下模座上按锥窝钻、扩孔		钻床	压板
		钻沉头孔		钻床	压板
		用螺钉将凸凹模固定板与下模座紧固	内六角扳手		
		配钻、锪铰 2×φ8 销钉孔		钻床	压板
		装入销钉定位	铁锤		
6	上模的组装	在组装好的下模座上放适当高度的等高垫铁（一般为两块）			
		在凸凹模内外均匀地垫上合适的垫片			
		将凹模、凸模组件套入凸凹模中，并通过导柱放上模座			
		用垫片法找正后用平行夹头将上模座、凸模固定板、凹模夹紧			平行夹头
		将上模部分脱开、反转，通过凹模螺钉孔在上模座上钻出锥窝（穿过凸模固定板）			
		卸去平行夹头，在凸模固定板上扩 4×φ9，上模座上钻、锪螺钉通孔及沉头孔		钻床	压板
		用螺钉将上模座、凸模固定板、凹模连接稍加固紧	内六角扳手		
		用纸片材料进行试切调整间隙使之均匀			
		间隙调整好后，收紧螺钉，通过凹模销孔配钻、铰 2×φ8 销孔		钻床	压板
		拆螺钉，装入推件块、销钉、打块、垫板等，敲入销钉、收紧螺钉	内六角扳手		
7	卸料板总装	将卸料板套在凸凹模上，调整间隙均匀，用平行夹头将卸料板与下模部分夹紧		钻床	平行夹头
		通过卸料板上的螺孔在凸凹模固定板上钻出锥窝		钻床	压板
		拆开平行夹头，移出卸料板，按锥窝钻凸凹模固定板及下模座的螺钉过孔，并在下模座钻沉头孔		钻床	压板
		将卸料板套在凸凹模固定板上，装上弹簧，调整卸料螺钉，保证平度及上下误差			
8	试模	试模并将样品送检		冲床	
9	铺助	上油、编号、入库			

五、模具调试及试模

（1）熟悉技术文件，根据冲模的结构及动作原理，预先考虑好安装方法、试冲程序及所能遇到的问题。

（2）开动压力机，把滑块升到上止点，清除滑块底面、工作台面的废料和杂物，并将冲模上、下面擦拭干净。

（3）观察废料能否漏下。

（4）用手扳动飞轮或利用压力机的寸动装置，使压力机滑块逐步降至下极点。在滑块下降过程中移动冲模，以便模柄进入滑块中的模柄孔内。

（5）调节压力机至近似的闭模高度。

（6）安装固定下模的压板、垫块和螺栓，但不要拧紧。

（7）紧固上模，确保上模座顶面与滑块底面紧贴无隙。

（8）紧固下模，逐次交替拧紧。

（9）调整闭模高度，使凸模进入凹模

（10）回升滑块，在各滑动部分加润滑剂，确保导套上部分气槽畅通。

（11）以纸片试冲，观察毛刺以判断间隙是否均匀。滑块寸动或由手扳使飞轮移动。

（12）刃口加油，用规定材料试冲若干件，检查冲件质量。

（13）安装、调试送料和出料装置。

（14）再次试冲。

（15）安装安全装置。

六、小结

1．零件加工

（1）严格按照安全操作规程加工。

（2）模具零件加工主要采用了车床、铣床、平面磨床、摇臂钻床等设备。

（3）模具的凸模、凹模、凸凹模及凸模固定板、凸凹模固定板、卸料板、推件板、下模座漏料孔等采用了线切割机床加工，凹模的限位孔采用了电火花成型机床加工。

（4）导柱、导套的精加工采用了内、外圆磨床加工保证导向精度。

2．模具装配

（1）首先进行模具的部装。

（2）用垫片法初步确定凸、凹模的位置，然后用透光法调整凸、凹模的间隙。

（3）先用螺钉固定，试冲后在用销钉定位。

3．冲压、试模

（1）严格按冲压操作规程操作

（2）先将模具放在冲压机的工作平台上，将压力机离合器合上，用手搬动大带轮旋转使滑块下降，让模柄进入滑块上的固定孔中，使上模部分固定在滑块上。

（3）调节压力机的闭合高度使凸模进入凹模中，用压板压紧下模座，使下模部分固定在压力机工作平台上。

（4）打开压力机电源进行试模加工。

塑料模制造实训

 项目实训说明

本项目将详细介绍两套典型塑料模的制造过程，首先对制件图、装配图、零件图进行分析，介绍每个零件的加工工艺，之后要求学生在老师的指导下按零件图加工零件，按装配图装配成模具，将模具安装到冲床上并调试好，最后试模，制作出试模产品，通过模具制作实训可以使学生熟悉制作模具的全部过程，全面掌握模具制造技术。

本实训使用了数控车、加工中心、线切割、电火花机床、普通铣床、平面磨床、钻床、注射机等。

安全操作规程

实训是职业学校学生重要的实践环节，安全教育是实训中首要和重要的内容，在实训中第一个内容是安全教育，没有进行安全教育的学生，不能继续下一步的实训。学生应严格执行安全操作规程，树立安全理念、强化安全意识。

进行塑料模制造实训的学生应认真学习：锯床安全操作规程、钻床安全操作规程、铣床安全操作规程、车床安全操作规程、数控线切割机床操作规程、电火花机床安全操作规程、数控车安全操作规程、数控铣床/加工中心安全操作规程、磨床安全操作规程、注射机安全操作规程、砂轮机安全操作规程（参见附录2～附录13）。

课题一　透明盖塑料模制造

透明盖塑料模如图 5-1 所示。

图 5-1　透明盖塑料模

一、制件图分析

制件为透明盖（图 5-2），采用推板卸料方式，因塑件要求透明所以材料为 PS，轻巧美观、电气绝缘性能好。

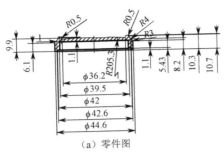

（a）零件图

（b）实体图

图 5-2　透明盖制件

二、装配图分析

1．模具结构（图 5-3）

透明盖注射模具一模两腔，侧浇口进料，推板脱模，型腔、型芯均采用镶件。

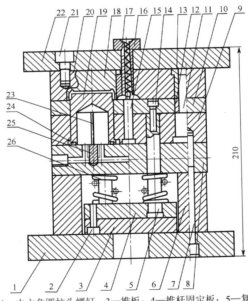

1—动模座板；2、7、14、21—内六角圆柱头螺钉；3—推板；4—推杆固定板；5—复位杆；6—垫块；8—支承板；
9—动模板；10—推件板；11—导柱；12、13—导套；15—拉料杆；16—浇口套；17—止转螺钉；18—型腔镶件；
19—型芯；20—定模板；22—定模座板；23—隔水板；24—密封圈；25—堵头；26—弹簧

图 5-3　透明盖装配图

2．零件

标准件：内六角圆柱头螺钉（2、7、14、21），动模板（9），导柱（11），导套（12、13），止转螺钉（17），密封圈（24），弹簧（26）。

非标准件：动模座板（1），推板（3），推杆固定板（4），复位杆（5），垫块（6），支承板（8），推件板（10），拉料杆（15），浇口套（16），型腔镶件（18），型芯（19），定模板（20），定模座板（22），隔水板（23），堵头（25）。

三、零件加工工艺分析

（一）定模座板

1. 零件图分析（图5-4）

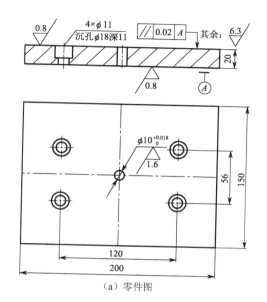

（a）零件图

（b）实体图

图5-4　定模座板

定模座板是使定模部分固定在注射机工作平台上的零件，材料为 Q235，便于机械加工。主要包括零件的周边、上下表面和孔的加工。

2. 加工工艺（表5-1）

表5-1　加工工艺

工 序 号	工 序 名 称	工 序 内 容	机 床 设 备
1	下料	板材下料 210×160×22	氧割机
2	铣削	铣六面对角尺，控制尺寸 200×150×20.5	铣床
3	平磨	磨削上下两平面，控制尺寸 20，平行度为 0.02	平面磨床
4	辅助	退磁	退磁器
5	钳工	按图划线、打样冲	摇臂钻床
		与定模板配钻、铰 $\phi 10^{+0.018}_{0}$ 孔	
		钻 $4 \times \phi 11$ 通孔，沉孔 $\phi 18$，深 11	
		倒角、去锐	
6	检验	检查，验收	

（二）定模板

1. 零件图分析（图5-5）

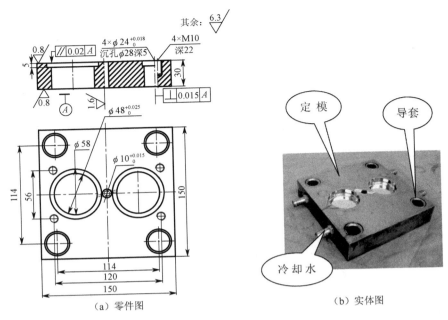

图 5-5　定模板

定模板是用来固定型腔镶块的板块，材料为 45 号钢，主要铣削四边、平磨上下两面、切割固定型腔孔及与定模座板配钻、铰孔。

2．加工工艺（表 5-2）

表 5-2　加工工艺

工 序 号	工 序 名 称	工 序 内 容	机 床 设 备
1	下料	板材下料 160×160×32	氧割机
2	铣削	粗铣六面对角尺，控制尺寸 152×152×30.5	铣床
3	平磨	磨削上下两面，控制尺寸 30，平行度为 0.02（基准先行）	平面磨床
4	辅助	退磁	退磁器
5	钳工	按图划线、打样冲	摇臂钻床
5	钳工	与动模板、推件板配钻、铰 $4×\phi24^{+0.018}_{0}$ 导套固定孔	摇臂钻床
5	钳工	钻 $4×\phi28$ 沉孔，深 5	摇臂钻床
6	铣削	与动模板、推件板组装后，精铣四面对角尺，控制尺寸 150×150	万能升降台铣床
7	钳工	按图划线、打样冲，在 $2×\phi48$ 处钻 $2×\phi4$ 穿丝孔	钻床
8	线切割	按图割 $2×\phi48^{+0.025}_{0}$ 通孔	线切割机
9	车工	四爪装夹工件	车床
9	车工	车 $2×\phi58$ 沉孔，深度为 5	车床
10	钳工	与定模座板配钻 $4×\phi8.5$ 螺纹底孔，深 25	摇臂钻床
10	钳工	与定模座板配钻、铰 $\phi10^{+0.015}_{0}$ 孔	摇臂钻床
10	钳工	攻 M10 螺纹	摇臂钻床
10	钳工	倒角、去锐	摇臂钻床
11	检验	检查，验收	

（三）型腔镶件

1. 零件图分析（图5-6）

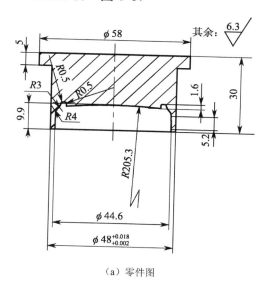

（a）零件图

（b）实体图

图5-6　型腔镶件

型腔镶件是成型零件，合模时用来填充成型塑件的外形，材料为40Cr，主要是车削加工及抛光。

2. 加工工艺

通过对型腔镶件零件图的分析编写型腔镶件加工工艺规程，见表5-3。

表5-3　型腔镶件加工工艺规程

工 序 号	工序名称	工 序 内 容	机 床 设 备
1	下料	圆钢下料$\phi 60\times 35$	锯床
2	车削	三爪装夹$\phi 60$棒料，伸出长度27	数控车床
		平端面，钻孔$\phi 40$深9	
		粗车外圆至$\phi 48.5$，长度为25	
		粗车型腔内形尺寸留精车余量0.3	
		精车型腔内形尺寸达图纸要求	
		精车外圆至$\phi 48^{+0.018}_{+0.002}$，控制长度25	
		掉头装夹平端面，控制全长为30	
		车外圆$\phi 58$，倒棱	
3	钳工	与定模板组装后，配钻$\phi 3.2$螺纹底孔	钻床
		攻M4螺纹	
4	检验	检查、验收	

3．加工前的准备

（1）设备

加工型芯须使用带锯机、数控车床等设备，如图5-7和图5-8所示。

图5-7　带锯机　　　　　　　　　　图5-8　数控车床

（2）工、量、刃具

加工型芯须使用的工、量、刃具如图5-9所示。

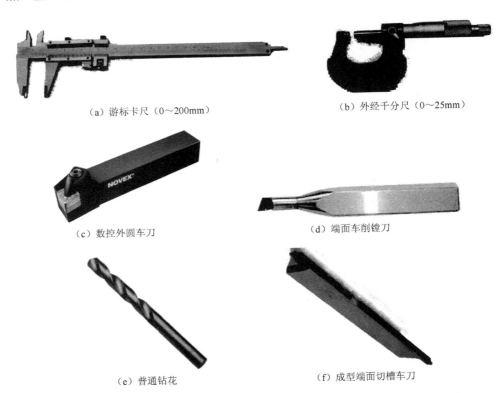

图5-9　工、量、刃具

4．程序编制

程序编制采用 CAXA 数控车 2008 软件进行辅助编程，只需要将零件的外形绘制一半出来，指定刀具参数、切削参数、切削方式、进退刀方式等，计算机即可辅助生成相应加工程序，软件简单，易上手。软件界面如图 5-10 所示。

（1）绘制工件外轮廓及直径为 60mm 的加工毛坯轮廓，如图 5-11 所示。

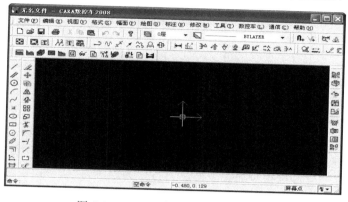

图 5-10　CAXA 数控车 2008 软件界面

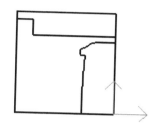

图 5-11　轮廓及毛坯轮廓

（2）生成外圆粗加工轨迹，单击轮廓粗车 按钮，弹出粗车参数表对话框。修改"加工参数"，加工表面类型为"外轮廓"，加工余量为"0.1"，切削行距为"1"，加工角度为"180"；修改"进退刀方式"，每行相对毛坯进刀方式为"垂直"，每行相对加工表面进刀方式为"垂直"，每行相对毛坯退刀方式为"垂直"，每行相对加工表面退刀方式为"垂直"；修改"切削用量"，接近速度为"1000"，退刀速度为"2000"，进刀量为"140"，单位为"mm/min"，主轴转速选项为"恒转速"，主轴转速为"1200"r/min；修改"轮廓车刀"各参数，如图 5-12 所示，单击"确定"按钮。

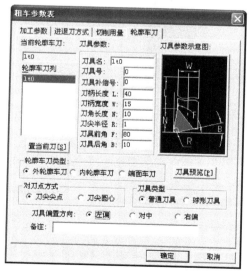

图 5-12　轮廓车刀参数设置

（3）生成粗车外圆程序，如图 5-13 所示，选取直线 7，弹出红色提示箭头，选取左向箭头，选取直线 8，完成加工轮廓的选取，选取直线 9，选取向上箭头，选取直线 10，根据数控加工工艺要求，在适当的位置单击鼠标，设置进退刀点，生成车削刀轨，如图 5-14

所示。

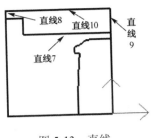

图 5-13　直线

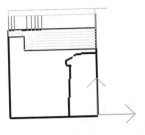

图 5-14　刀轨图

（4）生成外圆精加工轨迹，单击轮廓精车 按钮，弹出精车参数表对话框。修改"加工参数"，加工表面类型为"外轮廓"，加工余量为"0"；修改"进退刀方式"，每行相对毛坯进刀方式为"垂直"，每行相对加工表面进刀方式为"垂直"，每行相对加工表面退刀方式为"垂直"；修改"切削用量"，接近速度为"1000"，退刀速度为"2000"，进刀量为"140"，单位为"mm/min"，主轴转速选项为"恒转速"，主轴转速为"1200"r/min。单击"确定"按钮，如图 5-15 所示。

（5）生成精车外圆程序，如图 5-13 所示，选取直线 7，弹出红色提示箭头，选取左向箭头，选取直线 8，完成加工轮廓的选取，根据数控加工工艺要求，在适当的位置单击鼠标，设置进退刀点，生成精车刀轨，如图 5-16 所示。

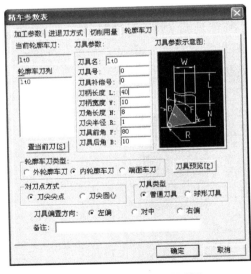

图 5-15　精车参数表对话框

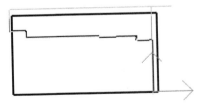

图 5-16　刀轨图

（6）生成内轮廓粗加工轨迹，单击轮廓粗车 按钮，弹出粗车参数表对话框。修改"加工参数"，加工表面类型为"内轮廓"，加工余量为"0.1"，切削行距为"1"，加工角度为"180"；修改"进退刀方式"，每行相对毛坯进刀方式为"垂直"，每行相对加工表面进刀方式为"垂直"，每行相对毛坯退刀方式为"垂直"，每行相对加工表面退刀方式为"垂直"；修改"切削用量"，接近速度为"1000"，退刀速度为"2000"，进刀量为"140"，单位为"mm/min"，主轴转速选项为"恒转速"，主轴转速为

"1200" r/min；修改"轮廓车刀"各参数，单击"确定"按钮。

（7）生成粗车内轮廓程序，如图 5-17 所示，选取直线 11，弹出红色提示箭头，选取向上箭头，选取直线 12，完成加工轮廓的选取，选取直线 13，选取向右箭头，选取直线 14，根据数控加工工艺要求，在适当的位置单击鼠标，设置进退刀点，生成车削刀轨，如图 5-18 所示（注：在粗加工端面之前，先要钻直径 24 深 9.5 的孔）。

（8）生成内轮廓精加工轨迹，单击轮廓精车 ◣ 按钮，弹出精车参数表对话框。修改"加工参数"，加工表面类型为"内轮廓"，加工余量为"0"；修改"进退刀方式"，每行相对毛坯进刀方式为"垂直"，每行相对加工表面进刀方式为"垂直"，每行相对加工表面退刀方式为"垂直"；修改"切削用量"，接近速度为"1000"，退刀速度为"2000"，进刀量为"140"，单位为"mm/min"，主轴转速选项为"恒转速"，主轴转速为"1200" r/min，单击"确定"按钮。

（9）生成精车内圆程序，如图 5-17 所示，选取直线 11，弹出红色提示箭头，选取向上箭头，选取直线 12，根据数控加工工艺要求，在适当的位置单击鼠标，设置进退刀点，生成车削刀轨，如图 5-19 所示。

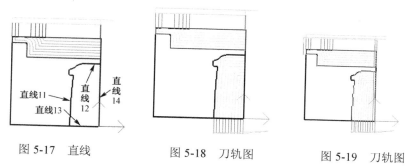

图 5-17　直线　　　　　　　图 5-18　刀轨图　　　　　　图 5-19　刀轨图

（10）轨迹仿真。进行轨迹仿真操作，完成仿真。

（11）生成程序，单击代码生成 ▣ 按钮，弹出选择后置文件对话框，输入文件名为"40000"（根据加工要求和个人喜好，程序名可任取），单击"打开"按钮，弹出复选对话框，单击"是"按钮，按加工先后顺序，选择如图 5-20 所示所有外轮廓粗、精加工轨迹，单击鼠标右键确定选择，生成 G 代码文件"40000.cut"如图 5-21 所示，同理生成端面加工程序。

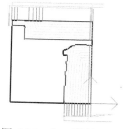

图 5-20　加工轨迹

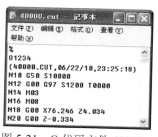

图 5-21　G 代码文件 40000.cut

（12）传送程序，进行传送操作，单击计算机上华中数控串口通信软件对话框中的"发送 G 代码"按钮，弹出打开对话框，选择加工程序，单击"打开"按钮，开始传送文件。

（13）进行装刀、对刀操作，完成装刀、对刀，建立刀具偏置。

（14）进行生成 G 代码操作和传送程序操作，将端面加工粗、精加工程序传入机床，完成粗、精加工，得到合格零件。

（15）调头加工，使用数控车床手轮方式，将工件长度控制在 30mm。经抛光装配于型腔固定板，如图 5-22 所示。

图 5-22　型腔

（四）型芯

1．零件图分析（图 5-23）

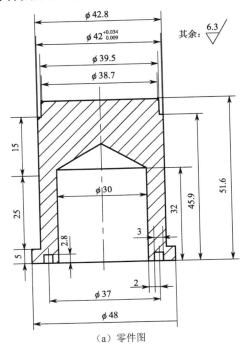

（a）零件图

（b）实体图

图 5-23　型芯

型芯是成型零件，成型塑件内形，材料为 40Cr，主要是车削加工及抛光。

2．加工工艺

通过对型芯零件图的分析编写型芯加工工艺规程，见表 5-24。

表 5-24　型芯加工工艺规程

工 序 号	工 序 名 称	工 序 内 容	机 床 设 备
1	下料	圆钢下料 $\phi50 \times 56$	锯床
2	车削	三爪装夹 $\phi50$ 棒料，伸出长度 48	数控车床
		平端面	
		粗、半精车外圆至 $\phi43.2$，长度为 46.5	
		粗、半精车外圆锥面，长度为 5.7	

续表

工 序 号	工 序 名 称	工 序 内 容	机 床 设 备
2	车削	精车外圆至 $\phi42^{+0.034}_{+0.009}$，控制长度 51.6	数控车床
		精车型芯直径 $\phi38.7$、$\phi39.5$ 锥面，控制车削长度为 5.7	
		掉头装夹直径 $\phi42.8$ 处，车削端面，控制零件全长为 51.6	
		钻 $\phi30$ 孔，深 32	
		车端面槽 3×2.8	
		车外圆 $\phi58$，倒棱	
3	检验	检查、验收	

3．加工前的准备

（1）设备

加工型芯须使用带锯机、数控车床等设备，如图 5-7 和图 5-8 所示。

（2）工、量、刃具

加工型芯须使用的工、量、刃具，如图 5-24 所示。

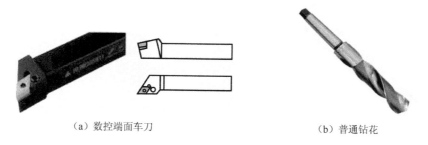

（a）数控端面车刀　　　　　　　　　　　　（b）普通钻花

图 5-24　工、量、刃具

4．程序编制

程序编制采用 CAXA 数控车 2008 软件进行辅助编程，只需要将零件的外形绘制一半出来，指定刀具参数、切削参数、切削方式、进退刀方式等，计算机即可帮助我们生成相应加工程序，软件简单，易上手。软件界面如图 5-10 所示。

（1）绘制直线，单击直线 ∕ 按钮，输入直线第一坐标点"0，0"回车，输入直线第二坐标点"19.35，0"回车，输入直线第三坐标点"19.75，−5.7"回车，输入直线第四坐标点"21，−21.6"回车，输入直线第五坐标点"21，−46.6"回车，输入直线第六坐标点"24，−46.6"回车，输入直线第七坐标点"24，−51.6"回车，输入直线第八坐标点"0，−51.6"回车，输入直线第九坐标点"0，0"回车，单击鼠标右键结束直线命令，结果如图 5-25 所示。

（2）绘制毛坯轮廓，单击直线 ∕ 按钮，选择提示栏内直线样式为"两点线"，直线形式为"连续"，直线类型为"非正交"，输入直线第二坐标点"0，0"回车，输入直线第二坐标点"2，0"回车，输入直线第三坐标点"2，30"回车，输入直线第四坐标点

"–51.6，30"回车，输入直线第四坐标点"–51.6，24"回车，单击鼠标右键结束直线命令，结果如图 5-26 所示。

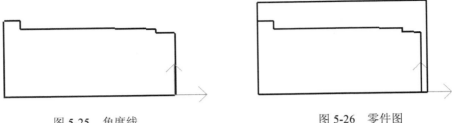

图 5-25　角度线　　　　　　　　　　图 5-26　零件图

（3）生成外圆粗加工轨迹，单击轮廓粗车 ▤ 按钮，弹出粗车参数表对话框。修改"加工参数"，加工表面类型为"外轮廓"，加工余量为"0.1"，切削行距为"1"，加工角度为"180"；修改"进退刀方式"，每行相对毛坯进刀方式为"垂直"，每行相对加工表面进刀方式为"垂直"，每行相对毛坯退刀方式为"垂直"，每行相对加工表面退刀方式为"垂直"；修改"切削用量"，接近速度为"1000"，退刀速度为"2000"，进刀量为"140"，单位为"mm/min"，主轴转速选项为"恒转速"，主轴转速为"1200"r/min；修改"轮廓车刀"各参数，如图 5-27 所示，单击"确定"按钮。

（4）生成粗车外圆程序，如图 5-28 所示，选取直线 1，弹出红色提示箭头，选取向上箭头，选取直线 3，完成加工轮廓的选取，选取直线 2，选取右边箭头，选取直线 4，根据数控加工工艺要求，在适当的位置单击鼠标，设置进退刀点，生成车削刀轨，如图 5-29 所示。

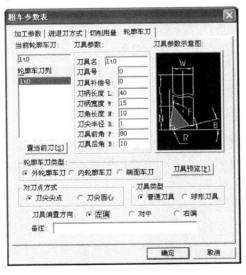

图 5-27　轮廓车刀参数设置

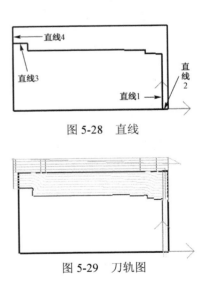

图 5-28　直线

图 5-29　刀轨图

（5）生成外圆精加工轨迹，单击轮廓精车 ◥ 按钮，弹出精车参数表对话框。修改"加工参数"，加工表面类型为"外轮廓"，加工余量为"0"；修改"进退刀方式"，每行相对毛坯进刀方式为"垂直"，每行相对加工表面进刀方式为"垂直"，每行相对加工表面退刀方式为"垂直"；修改"切削用量"，接近速度为"1000"，退刀速度为"2000"，进刀量为"140"，单位为"mm/min"，主轴转速选项为"恒转速"，主轴转速为"1200"r/min；修改"轮廓车刀"各参数，如图5-30所示，单击"确定"按钮。

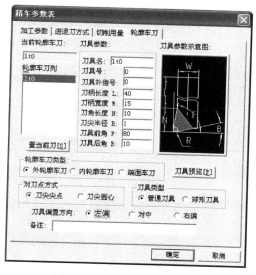

图5-30　轮廓车刀参数设置

（6）生成精车外圆程序，如图5-31所示，选取直线1，弹出红色提示箭头，选取向上箭头，选取直线3，完成加工轮廓的选取，根据数控加工工艺要求，在适当的位置单击鼠标，设置进退刀点，生成车削刀轨，如图5-31所示。

（7）轨迹仿真，单击轨迹仿真 按钮，弹出粗车参数表，选择如图5-32所示，仿真方式为"二维实体"，毛坯类别为"缺省毛坯轮廓"，步长为"0.05"，先选择粗加工轨迹，再选择精加工轨迹，单击鼠标右键完成选择，弹出轨迹仿真控制条，如图5-33所示，单击播放 按钮，开始仿真加工过程，如图5-34所示。

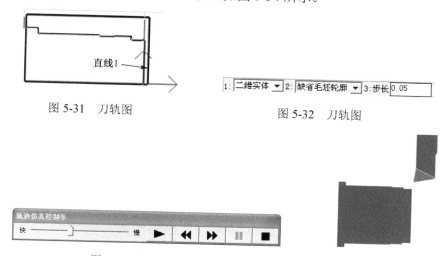

图5-31　刀轨图

图5-32　刀轨图

图5-33　轨迹仿真控制条

图5-34　仿真加工

（8）生成程序，单击代码生成 按钮，弹出选择后置文件对话框，输入文件名为"开粗"（根据加工要求和个人喜好，程序名可任取），单击"打开"按钮，弹出复选对话框，单击"是"按钮，选择轨迹线 3 和轨迹线 4，如图 5-35 所示，单击鼠标右键确定选择，生成 G 代码如图 5-36 所示，同理生成端面加工程序。

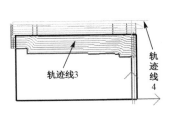

图 5-35　轨迹线

图 5-36　开粗 G 代码文件

（9）传送程序，单击计算机上华中数控串口通信软件对话框中的"发送 G 代码"按钮，弹出打开对话框，选择粗加工程序，单击"打开"的按钮，开始传送文件。

（10）安装刀具，如图 5-37 所示，将刀片安装于刀杆，最后将刀杆安装于车床刀架，如图 5-38 所示。

图 5-37　安装刀具

图 5-38　安装刀杆

（11）对刀试切外圆，将刀杆装上机床，用手轮方式试切工件外圆表面，如图 5-39 所示，记录下 X 轴的机床坐标值，并将其输入对应的刀具"刀偏表"。

（12）对刀试切端面，将刀杆装上机床，试切工件端面，如图 5-40 所示，记录下 Z 轴的机床坐标值，并将其输入对应的刀具"刀偏表"。完成对刀操作后，调用程序进行加工，根据机床特点，将程序头尾稍作修改，启动机床加工，得到合格零件。

图 5-39　试切工件外圆表面

图 5-40　试切工件端面

（13）传送程序，进行传送程序操作，将精加工程序传入机床，完成粗、精加工，得到合格零件。

（14）调头加工，先用直柄钻头钻直径 8mm 引正孔，再换直径 40 锥柄钻花，钻直径 30 深 40 的孔，最后装上端面切槽刀，使用手轮方式切得直径为 37mm、深 2.8mm 的垫圈槽，零件如图 5-41 所示。

图 5-41 型芯

（五）推件板

1. 零件图分析（图 5-42）

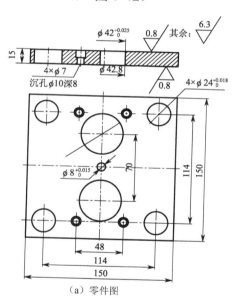

（a）零件图

（b）实体图

图 5-42 推件板

推件板主要起卸料的作用，将包裹在型芯上的塑件推出，材料为 45 号钢，铣削四边及平磨上下平面然后配钻、铰孔。

2. 加工工艺（表 5-5）

表 5-5 加工工艺

工 序 号	工 序 名 称	工 序 内 容	机 床 设 备
1	下料	板材下料 160×160×16	锯床
2	铣削	粗铣六面对角尺，控制尺寸 152×152×15.5	铣床

续表

工序号	工序名称	工序内容	机床设备
2	铣削	粗铣六面对角尺，控制尺寸152×152×15.5	铣床
3	平磨	磨削上下两面，控制尺寸15，平行度为0.02（基准先行）	平面磨床
4	辅助	退磁	退磁器
5	钳工	按图划线、打样冲	
		与定模板、动模板配钻、铰 $4×\phi 24^{+0.018}_{0}$ 导柱固定孔	
6	铣削	与动模板、定模组装后，精铣四面对角尺，控制尺寸150×150	万能升降台铣床
7	钳工	按图划线、打样冲，在 $2×\phi 42$ 处钻 $2×\phi 4$ 穿丝孔。	钻床
8	线切割	按图切割出 $2×\phi 42^{+0.025}_{0}$ 锥孔	线切割机
9	钳工	钻 $4×\phi 7$ 通孔，$\phi 10$ 沉孔，深8	摇臂钻床
		与动模板配钻、铰 $\phi 8^{+0.015}_{0}$ 孔	
10	检验	检查，验收	

（六）动模板

1. 零件图分析（图5-43）

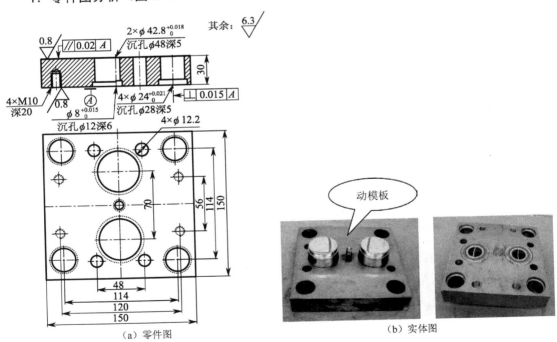

（a）零件图

（b）实体图

图5-43 动模板

动模板是固定型芯的板块，材料为45号钢，铣削四周边、平磨上下平面，切割固定型芯孔及配钻、铰孔。

2. 加工工艺（表5-6）

表5-6　加工工艺

工 序 号	工 序 名 称	工 序 内 容	机 床 设 备
1	下料	板材下料 160×160×32	锯床
2	铣削	粗铣六面对角尺，控制尺寸 152×152×30.5	铣床
3	平磨	磨削上下两面控制尺寸 30，平行度为 0.02（基准先行）	平面磨床
4	辅助	退磁	退磁器
5	钳工	按图划线、打样冲	钻床
		与定模板、推件板配钻、铰 $4×\phi24^{+0.021}_{0}$ 导柱固定孔	
		钻 $\phi28$ 沉孔，深 5	
6	铣削	与定模板、推件板组装后，精铣四面对角尺，控制尺寸 150×150	万能升降台铣床
7	钳工	按图划线、打样冲，在 $2×\phi42$ 处钻 $2×\phi4$ 穿丝孔	
8	线切割	按图切割出 $2×\phi42.8^{+0.018}_{0}$ 孔	线切割机床
9	车工	四爪装夹工件	车床
		车 $\phi48$ 沉孔，深度 5	
10	钳工	钻 $4×\phi8.5$ 螺钉底孔，深 25	摇臂钻床
		钻、铰 $\phi8^{+0.015}_{0}$ 孔	
		钻 $4×\phi12.2$ 孔	
		钻 $\phi12$ 沉孔，深 6	
		攻 M10 螺纹	
		倒角、去锐	
11	检验	检查，验收	

（七）拉料杆

1. 零件图分析（图5-44）

其余 6.3

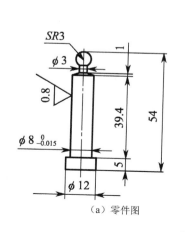

（a）零件图

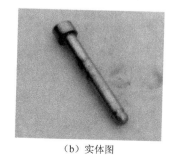

（b）实体图

图 5-44　拉料杆

拉料杆可拉出浇口套内的浇注凝料，材料为 T8，主要采用车削加工。

2．加工工艺（表 5-7）

表 5-7　加工工艺

工　序　号	工　序　名　称	工　序　内　容	机　床　设　备
1	下料	圆钢下料 $\phi15\times60$	锯床
2	车削	三爪装夹 $\phi15$ 棒料，伸出长度 52	数控车床
		平端面	
		粗、半精车外圆至 $\phi8.5$，长度为 49	
		精车外形尺寸留抛光余量 0.1，控制全长 49	
		掉头装夹平端面，控制全长为 54	
		车外圆 $\phi12$，倒棱	
3	热处理	淬火 45～50HRC	热处理炉
4	抛光	抛光至图纸要求	
5	检验	检查、验收	

（八）支承板

1．零件图分析（图 5-45）

支承板主要起防止成型零件和导向零件轴向移动并承受成型压力的板件及冷却的作用，材料为 45 号钢，铣削四周边、平磨上下平面，钻冷却水孔及配钻内孔。

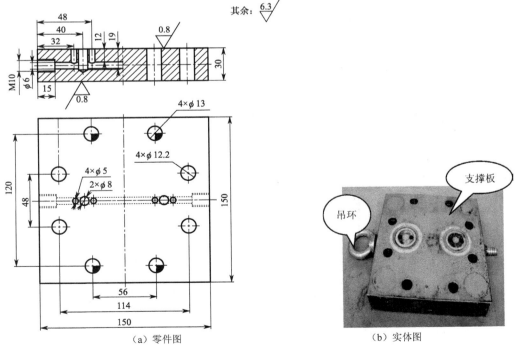

（a）零件图　　　　　　　　　　（b）实体图

图 5-45　支承板

2．加工工艺（表 5-8）

表 5-8　加工工艺

工序号	工序名称	工序内容	机床设备
1	下料	板材下料 160×160×32	锯床
2	铣削	铣六面对角尺，控制尺寸 150×150×30.5	铣床
3	平磨	磨削上、下两面控制尺寸 30，平行度为 0.02（基准先行）	平面磨床
4	辅助	退磁	退磁器
5	钳工	按图划线、打样冲	摇臂钻床
		钻 4×φ5 孔，深 12	
		钻 2×φ8 孔，深 19	
		钻 4×φ13 孔	
		与动模板配钻 4×φ12.2 孔	
		钻 φ6 水孔	
		钻 4×φ8.5 螺纹底孔，深 15	
		攻 M10 螺纹	
		倒角、去锐	
6	检验	检查，验收	

（九）垫块

1．零件图分析（表 5-46）

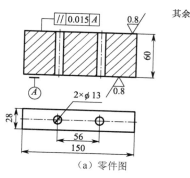

（a）零件图

（b）实体图

图 5-46　垫块

垫块起调节模具闭合高度及给予成型推出机构所需要的推出空间的作用，材料为 Q235，主要铣削六边尺寸、平磨（两块一起平磨）及配钻螺钉孔。

2．加工工艺（表 5-9）

表 5-9　加工工艺

工序号	工序名称	工序内容	机床设备
1	下料	板材下料 160×70×30	锯床
2	铣削	铣六面对角尺，控制尺寸 150×60.5×28	铣床

续表

工 序 号	工序名称	工 序 内 容	机 床 设 备
3	平磨	磨削上下两面控制尺寸60，平行度为0.02（基准先行）	平面磨床
4	辅助	退磁	退磁器
5	钳工	与支承板配钻2×φ13孔	摇臂钻床
		倒角、去锐	
6	检验	检查，验收	

（十）推板

1．零件图分析（图5-47）

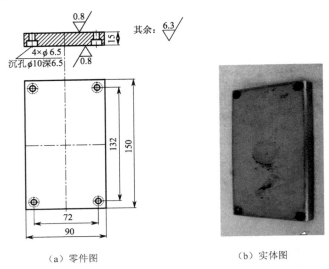

（a）零件图　　　　　　　　（b）实体图

图5-47　推板

推板是支撑推出和复位零件，直接传递机床推出力的板件，材料为45号钢，铣削四周边、平磨上下平面及配钻螺钉孔。

2．加工工艺（表5-10）

表5-10　加工工艺

工 序 号	工 序 名 称	工 序 内 容	机 床 设 备
1	下料	板材下料160×100×20	锯床
2	铣削	铣（刨）六面对角尺，控制上下两面尺寸150×90×15.5	铣（刨）床
3	平磨	磨削上下两面，控制尺寸15（基准先行）	平面磨床
4	辅助	退磁	退磁器
5	钳工	按图划线，打样冲	台式钻床
		钻4×φ6.5通孔，沉孔φ10，深6.5	
		倒角、去锐	
6	检验	检查，验收	

（十一）推杆固定板

1. 零件图分析（图5-48）

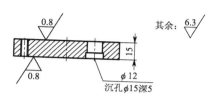

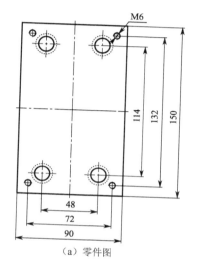

（a）零件图

（b）实体图

图 5-48　推板固定板

推杆固定板主要起固定推杆和复位零件的作用，材料为 45 号钢，铣削四边、平磨上下平面及配钻孔。

2. 加工工艺（表5-11）

表 5-11　加工工艺

工序号	工序名称	工序内容	机床设备
1	下料	板材下料 160×100×20	锯床
2	铣削	粗铣（刨）六面对角尺，控制尺寸 150×90×15.5	铣（刨）床
3	平磨	磨削上下两面，控制尺寸 15（基准先行）	平面磨床
4	辅助	退磁	退磁器
5	钳工	按图划线，打样冲	摇臂钻床
		与动模板配钻 4×ϕ12 通孔，沉孔ϕ15，深 5	
		与推板配钻 4×ϕ5.1 螺纹底孔	
		攻 4×M6 螺纹	
		倒角、去锐	
6	检验	检查，验收	

（十二）导柱

1．零件图分析（图 5-49）

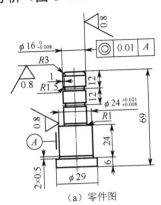

（a）零件图

（b）实体图

图 5-49　导柱

导柱与安装在另一半模上的导套相配合，用于确定动、定模的相对位置，保证模具运动导向精度。材料为 20 号钢，表面渗碳淬火。

2．加工工艺（表 5-12）

表 5-12　加工工艺

工 序 号	工 序 名 称	工 序 内 容	机 床 设 备
1	下料	圆钢下料 $\phi30\times72$	锯床
2	车削	三爪夹持 $\phi30$ 棒料平端面，打中心孔	车床
		掉头平端面，打中心孔，控制长度 69	
		双顶尖孔定位装夹，粗、半精车外圆至 $\phi24.4$、$\phi16.4$	
		切槽 2×0.5，控制长度 24	
		切 $R1.5$ 槽两处，分别控制长度 12 两处，深度为 1	
		倒 $R3$ 圆弧角	
		检验	
3	热处理	渗碳淬火 58～62HRC，保证深度 0.8～1.2	电炉
4	钳加工	研磨两端中心孔	车床
5	外圆磨	用双顶尖孔定位装夹，磨外圆至 $\phi16_{-0.008}^{0}$、$\phi24_{+0.008}^{+0.021}$	车床
6	检验	检查，验收	

（十三）导套

1．零件图分析（图 5-50）

导套与安装在另一半模上的导柱相配合，用于确定动、定模的相对位置，保证模具运动导向精度。材料为 20 号钢，表面渗碳淬火。

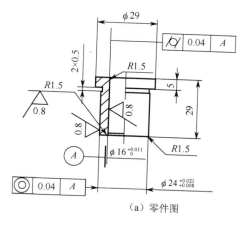

（a）零件图　　　　　　　（b）实体图

图 5-50　导套

2. 加工工艺（表 5-13）

表 5-13　加工工艺

工 序 号	工 序 名 称	工 序 内 容	机 床 设 备
1	下料	圆钢下料 $\phi 30 \times 32$	锯床
2	车削	三爪夹持 $\phi 30$ 棒料，伸出长度 40	车床
		车端面，钻通孔 $\phi 15.5$	
		粗车，半精车 $\phi 24.4$ 外圆，控制长度 24	
		倒内外圆 $R2$	
		掉头三爪夹持工件 $\phi 24.4$ 处	
		车端面，保证全长尺寸为 29	
		粗车外圆 $\phi 30$ 至 $\phi 29$，控制长度 5	
		半精车内孔 $\phi 16$ 至 $\phi 15.6$ 通孔	
		切槽 2×0.5，控制长度 24	
		倒内外 $R1.5$ 圆弧角	
		检验	
3	热处理	渗碳淬火 $58 \sim 62$HRC	热处理炉
4	内圆磨	磨削内孔，留研磨余量 0.01	内圆磨床
5	外圆磨	芯棒装夹，磨 $\phi 24$ 外圆至尺寸	外圆磨床
6	钳加工	研磨内孔 $\phi 16$ 到尺寸要求，研磨内圆弧 $R1.5$	车床
7	检验	检查，验收	

（十四）推杆

1. 零件图分析（图 5-51）

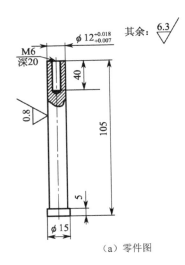

（a）零件图　　　　　　　　　　（b）实体图

图 5-51　推杆

推杆是推出塑件和复位的杆件，材料为 T8，主要采用车削加工。

2. 加工工艺（表 5-14）

表 5-14　加工工艺

工 序 号	工 序 名 称	工 序 内 容	机 床 设 备
1	外购	$\phi12\times125$ 推杆	线切割机床
	线切割	控制长度 105	
2	退火	头部退火	氧枪
3	车	头部钻孔、攻丝达图纸要求	车床
4	检验	检查、验收	

（十五）动模座板

1. 零件图分析（图 5-52）

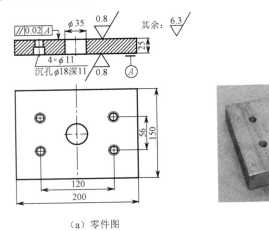

（a）零件图　　　　　　　　　　（b）实体图

图 5-52　动模座板

动模座板是使动模部分固定在注射机移动平台上的板件，材料为 A3，主要铣削四周尺寸、平磨上下平面及配钻孔。

2. 加工工艺（表5-15）

表5-15　加工工艺

工 序 号	工序名称	工 序 内 容	机 床 设 备
1	下料	板材下料 210×160×27	锯床
2	铣削	铣六面对角尺，控制尺寸 200×150×25.5	铣床
3	平磨	磨削上下两面，控制尺寸 25，平行度为 0.02（基准先行）	平面磨床
4	辅助	退磁	退磁器
5	钳工	与支承板配钻 4×φ11 通孔，沉孔φ18，深 11	摇臂钻床
		钻φ35 孔	
		倒角、去锐	
6	检验	检查，验收	

四、模具装配

模具装配工序见表5-16。

表5-16　模具装配工序

工 序 号	工序名称	工 序 内 容	工 具	机 床 设 备	夹 具
1	模架的组装	先压入距离最远的两个导柱	铜棒		
		检查两个导柱装配是否合格	刀口角尺		
		再压入第三、四个导柱			
		将导套压入定模板、推件板	铜棒		
		导套两端、导柱尾端不得高于模板表面，应低于模板表面 0.5～1.0			
		检查模架组合后的上下面间的平行度要求（0.015/100），滑动是否灵活、平稳			
2	定模部分的组装	按图在定模座板上划线、打样冲	高度游标卡尺		
		用平行夹头将定模座板与定模板夹紧			平行夹头
		钻 4×φ8.5 螺纹底孔控制定模板深度 25		钻床	压板
		拆下平行夹头，定模座板打孔、锪沉头孔，定模板攻丝		台虎钳	
		用螺钉将定模座板与定模板紧固，配钻、铰φ$10^{+0.025}_{0}$，浇口套安装孔		钻床	压板
		将浇口套压入模板	高度游标卡尺		
3	动模部分的组装	按图在动模板上划线、打样冲			
		钻复位杆孔 4×φ12.2		钻床	压板
		以复位杆孔为基准找正支承板、推板固定板孔位			
		钻孔、锪沉孔		钻床	压板
		按图在动模板上划线、打样冲	高度游标卡尺		
		将动模座板、垫块、支承板、动模板结合在一起，找正位置，配加工螺钉孔		钻床	压板
		移开后钻孔、扩孔、锪沉头孔，攻丝		钻床	压板
		将推件板套在动模板上，用红丹检查，钳工修配推件板与型芯合面达图纸要求	锉刀		
		以动模为基准，配钻推件板螺钉过孔及沉孔		钻床	压板

工 序 号	工序名称	工 序 内 容	工 具	机床设备	夹 具
3	动模部分的组装	将动模部分紧固			
		检查及修磨复位杆顶端面			
		检查推杆机构是否灵活、滑动			
4	试模	试模并将样品送检		冲床	
5	辅助	上油、编号、入库			

五、模具调试及试模

塑料模具安装及调试如下。

（1）打开总电源，开启温控电源。

参数/功能设定可参考表 5-17～表 5-24。

表 5-17 开模/锁模设定

锁模行程	80.6mm			
锁模	慢速	快速	低压	高压
压力（bar）	25	60	20	99
速度（%）	29	70	35	28
行程（mm）	30	30	20	
开模	二慢	二快	一快	一慢
压力（bar）	30	50	50	80
速度（%）	15	30	30	15
行程（mm）	80	70	50	30
开模时间	4.0s	低压模保	1.2s	

表 5-18 射胶设定

射胶行程	35.2mm			
射胶	射四	射三	射二	射一
压力（bar）	0	0	0	40
速度（%）	0	0	0	60
行程（mm）	0	0	0	8
保压	保三	保二	保一	
压力（bar）	0	0	40	
速度（%）	0	0	20	
时间（s）	0	0	2	
	射胶检测	射胶不足		
时间（s）	1.5	2	5	

表 5-19 熔胶设定

射胶行程	35.2mm	背压	60bar	
熔胶	熔胶1	熔胶2	熔胶3	
压力（bar）	0	0	35	
速度（%）	0	0	45	
行程（mm）	0	0	35	
抽胶	前抽胶	后抽胶		
压力（bar）	0	0	50	
速度（%）	0	0	20	
时间（s）	0	0	2	
行程（mm）	0	2	2	
时间（s）	1	4	6	0

表 5-20 调模/顶针/射台设定

调模	粗调退	微调退	微调进	粗调进
压力（bar）	60	60	60	60
速度（%）	20	15	15	60
时间（s）	2			20
顶针	顶针退	顶针进	顶针保持	2
压力（bar）	20	20	15	
速度（%）	20	28	10	
行程（mm）	2	35		
射台	座进	座退	顶进延退	0.5s
压力	40	30	顶针停留	3s
速度	10	12	射台退时	2s

表 5-21 功能设定

锁模速度	快速	射胶方式	时间
座退模式	固定熔胶	润滑方式	定次润滑
顶针种类	定次	冷却选择	熔胶后
顶针停留	时间	机械手	不使用
顶出保持	关	出芯1	关
开模限数	不使用	出芯2	关
开模总数清零	0位关	1591	模

表 5-22 温度设定

温度	射嘴	一段	二段	三段	四段	五段	油温
设定	270	300	315	315	30	30	60
现在	270	300	314	316	31	31	31
状态	开	开	开	开	关		
加热	开	开	开	开	关		
高温偏差	20	低温偏差		20			
射嘴手动输出	50%						

表5-23　时间设定

单位	s		
润滑定时	2.5	润滑周期	500
再循环	1	顶针次数	1
周期时间	60	开模限数	60
吹风1时	0	吹风1延	0
吹风2时	0	吹风2延	0
日期	06-10-2010	时间	09：10：20

表5-24　模号设定

语言选择	中文	
显示模式	正常	
当前模号	1	读出
另存模号	1	另存
IC卡操作		

（2）选定原料放入料斗。

（3）测量模具阔度及厚度，启动电动机进行调模。按调模按键调整，调模时使开挡大于模厚，如图5-53所示。

（4）将模具小心地放入开挡内并固定在前模板上，保证定模的定位圈嵌入前模板的定位孔内。缓慢锁模，调整适当锁模力。拧紧压板螺栓并接好冷却水管，如图5-54、图5-55、图5-56和图5-57所示。

图5-53　调整模厚　　　　图5-54　安装定位圈　　　　图5-55　锁模

图5-56　拧紧压板螺栓　　　图5-57　安装好压板

（5）打开模具，如图5-58所示。按下手动键，确定在手动模式下执行开模设定。调整所要的行程，开模将不会超过所设定的位置。再输入欲设定的压力及速度，使模具平稳地移动。设定开模慢速，可使动、定模平稳分开。可根据需要调整慢至快速的转换位置。到开模终点之前，须从快速转换为慢速，使开模动作变慢，以确保机器在开模终点停止。在设定所有开模参数之后在手动模式下执行开模动作确认是否符合所设定的数据。假如在开模当中遇到任何问题时松开开模键停止所有的操作。根据脱模条件设定顶出行程、压力及速度。

图 5-58 开模

（6）设定射台前进的压力速度。其速度可分为快速和慢速，开始射台前进用快速，当近终点位置时，便转换成慢速直到射嘴接触到模具。射台前进终点位置时，从快速转为慢速。射嘴和模具之间在终止之前保持 20mm 的安全位置是重要的。假如终止位置被设定得太靠近模座，射嘴在触碰模具后不能慢下来将导致模具和射嘴损坏。

（7）试射出动作，将喷嘴离开模具，用手动进行模外射出，待正常后再向模内射出。

（8）使喷嘴和模具相接触，向模内射胶，其射出压力和速度视制品大小、尺寸、形状、原料而定。进入射出设定界面，选择保压模式，时间模式当到达设定的射出时间后，将执行保压位置模式，按设定的射出位置保压，设定时间是为避免位置不能到达保压转换点。应注意设定的动作时间应比需要射出的时间长，避免因物料的流动性较差，导致成品失败。保压每一段转换根据动作时间而定，不受保压转换模式影响。也可结合位置和时间方式来控制射出动作，当射出终点位置无法到达时，将转换为射出时间控制，用任何一种射出控制方式，可由监视画面中得到射出动作方面的信息。每一段射出和保压都设定压力、速度、射出的位置及保压的时间。假如在保压射出结束后及熔料座退前需要冷却，须设定熔料前延迟时间。在设定所有保压参数后，应在手动模式下执行射出及保压，以确认参数是否合适。假如在设定射出保压中有问题，应该停止注射。重新设定参数，直至达到要求为止。

（9）进行手动注射。足够冷却后，开模顶出制件。手动模塑正常后可采用半自动生产。有些制件可采用全自动生产。

半自动操作程序。在半自动操作前，可采用手动操作十几次，当制件品质符合要求时即可采用半自动生产。

全自动操作程序。在全自动操作前，首先要检查制件是否符合全自动生产条件，再经过手动及半自动生产正常之后方可采用全自动生产。

六、小结

1．零件加工

（1）严格按照安全操作规程加工。
（2）模具零件加工主要采用了车床、铣床、平面磨床、摇臂钻床等设备。
（3）模具的型芯、型腔采用了数控车、铣加工。

2．模具装配

（1）首先进行模具的部装。
（2）用红丹检查型芯、型腔的配合及推件板与型芯的配合。
（3）用螺钉固定，并检查推杆机构是否灵活。

3. 注射、试模

（1）严格按照安全操作规程加工。

（2）将模具装配在注射机上，把定位圈嵌入前模板的定位孔内。

（3）设定参数，调整开模行程。

（4）进行试模。

课题二　杯盖塑料模制造

杯盖塑料模如图 5-59 所示。

图 5-59　杯盖塑料模

一、制件图分析

制件为杯盖（图 5-60），表面要求较高，所以采用点浇口，材料为 PE，流动性较好，容易注射成型。

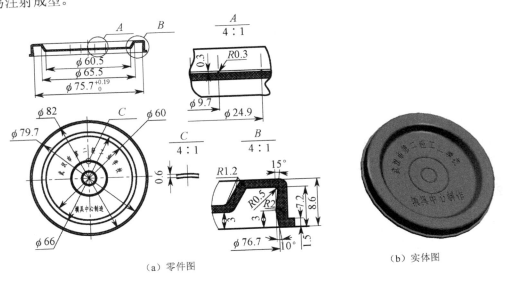

（a）零件图　　　　　　　　　　　　　　　（b）实体图

图 5-60　杯盖

二、装配图分析

1. 模具结构及原理

此模具采用龙记细水口 DBI 标准模架，模具成型塑件为一模两腔，推板强制脱模，型腔采用原身模架，型芯采用镶件（图 5-61）。

2. 零件

（1）上模部分：浇口套、上模座板、脱浇板、型腔板、导柱、导套、拉料杆、内六角圆柱头螺钉。

（2）下模部分：推件板、型芯、型芯固定板、支承板、复位杆、挡水板、塑料拉钩定位轴、塑料拉钩、橡胶圈、内六角圆柱头螺钉、推杆固定板、推板、动模座板。

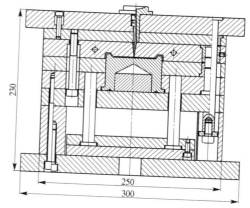

图 5-61　杯盖装配图

三、零件加工工艺分析

（一）定模座板

1. 零件图分析（图 5-62）

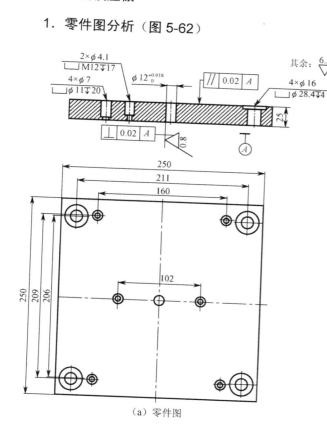

（a）零件图

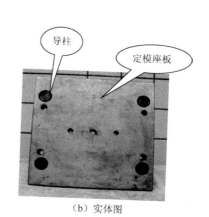

（b）实体图

图 5-62　定模座板

定模座板是使定模部分固定在注射机工作平台上的零件，材料为 Q235，便于机械加工。由于采用标准模架，所以定模座板的加工主要是孔的加工。

2. 加工工艺（表 5-25）

表 5-25　加工工艺

工 序 号	工 序 名 称	工 序 内 容	机 床 设 备
1	钳工	按图划线、打样冲	摇臂钻床
		与脱浇板配钻、铰 $\phi12^{+0.018}_{0}$ 孔	
		与脱浇板配钻 $4\times\phi7$ 通孔，沉孔 $\phi11$，深 20	
		与脱浇板配钻 $2\times\phi4.1$ 通孔，沉孔 $\phi10.5$，深 17	
		倒角、去锐	
		攻 M12 螺纹	
2	检验	检查，验收	

（二）脱浇板

1. 零件图分析（图 5-63）

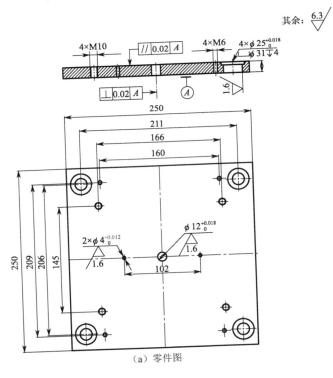

（a）零件图

（b）实体图

图 5-63　脱浇板

脱浇板是把浇注系统的凝料脱出的板件，采用标准模架，主要配钻、铰孔。

2．加工工艺（表5-26）

表5-26　加工工艺

工 序 号	工 序 名 称	工 序 内 容	机 床 设 备
1	钳工	按图划线、打样冲	摇臂钻床
		与定模座板配钻、铰 $\phi 12^{+0.018}_{0}$ 孔	
		钻、铰 $2\times\phi 4^{+0.012}_{0}$ 孔	
		钻 $4\times\phi 5.1$ 螺纹底孔	
		钻 $4\times\phi 8.5$ 螺纹底孔	
		倒角、去锐	
		攻 M6、M10 螺纹	
2	检验	检查，验收	

（三）型腔板

1．零件图分析（图5-64）

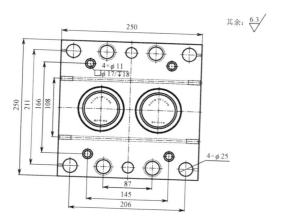 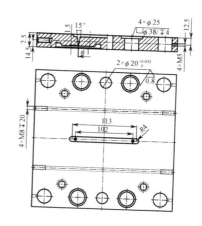

（a）零件图

（b）实体图

图 5-64　型腔板

　　型腔板是成型塑件外表面形状的零件，主要铣削分流道、浇口、冷却水孔及配钻、铰孔。

2．加工工艺

通过对型腔零件图的分析编写型腔加工工艺规程，见表 5-27。

表 5-27　型腔加工工艺规程

工 序 号	工 序 名 称	工 序 内 容	机床设备
1	钳工	按图划线、打样冲	摇臂钻床
		钻、铰 $2×\phi20^{+0.033}_{0}$ 孔	
		与脱浇板配钻 $4×\phi11$ 通孔，沉孔 $\phi17$，深 18	
		按图钻冷却水孔，攻丝	
		倒角、去锐	
2	铣削	按图铣出型腔，留抛光余量 0.1	数控铣床
		按图铣分流道、浇口达图纸要求	
3	雕刻	雕刻文字	数控雕刻机
4	抛光	抛光	
5	检验	检查，验收	

3．加工前的准备

（1）设备
加工型腔须使用带锯机、数控铣床、摇臂钻床（图 5-65）。
（2）工、量、刃具
加工型芯须使用的工、量、刃具，如图 5-66 所示。

4．程序编制

程序编制采用 CAXA 制造工程师 2008 软件进行辅助编程，此软件根据做好的 3D 模型，选定所用机床类型，调整好坐标系统（本例使用华中数控 HNC—21MC 机床，其 Z 轴向上，X 轴向右，Y 轴向前），在指定刀具参数、切削参数、切削方式等后，计算机即可辅助生成相应加工程序和工艺清单，操作简单，易上手，软件界面如图 5-67 所示。

图 5-65　摇臂钻床

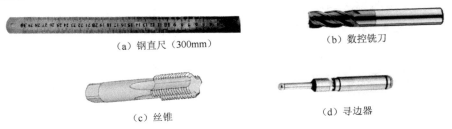

（a）钢直尺（300mm）　　　（b）数控铣刀

（c）丝锥　　　（d）寻边器

图 5-66　工、量、刃具

（1）设置编程毛坯，选择导航栏中的"加工管理"选项，双击毛坯 图标，弹出定义毛坯对话框，勾选"参照模型"选项，单击"参照模型"按钮，单击对话框中的"确定"按钮，完成编程所需的毛坯设置。

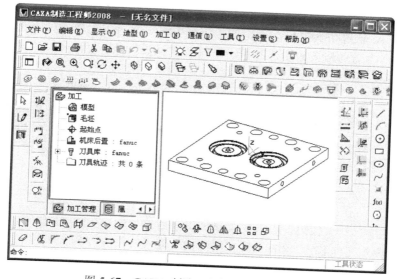

图 5-67　CAXA 制造工程师 2008 软件界面

（2）设置程序起始点，选择导航栏中的"加工管理"选项，双击起始点 ⊕ 图标，弹出全局轨迹起始点对话框，分别修改 X 坐标为"0"、Y 坐标为"0"、Z 坐标为"50"，单击"确定"按钮，完成编程起始点设置。

（3）设置程序后置处理种类，选择导航栏中的"加工管理"选项，双击机床后置 图标，弹出机床后置对话框，选择"当前机床"为"huazhong"，单击 "确定"按钮，完成机床后置处理设置。

（4）绘制限制加工线，单击矩形 □ 按钮，选择导航栏内矩形样式为"两点矩形"，输入矩形第一坐标点"120，60"回车，输入矩形第二坐标点"–120，–60"回车，生成矩形限制加工矩形框。

（5）编制粗加工程序，单击等高线粗加工 按钮，弹出等高线粗加工对话框。修改"加工参数 1"，加工方向为"顺铣"，层高为"1"，加工余量为"0.35"，切削行距为"5"；修改"切入切出"，方式为"螺旋"，半径为"3"，螺距为"1"，第一层螺旋进刀高度为"1"，第二层螺旋进刀高度为"3"；修改"下刀方式"，安全高度为"50"，慢速下刀距离为"3"，跟刀距离为"3"；修改"切削用量"，主轴转速为"2200"，慢速下刀速度为"2000"，切入切出连接速度为"1060"，切削速度为"1200"，退刀速度为"3000"；修改"刀具参数"，刀具名为"D06"，刀具半径为"3"，刀角半径为"0"，如图 5-68 所示，其他各参数为默认值，单击向上 ▲ 按钮，单击"确定"按钮。选取如图 5-69 所示工件作为加工对象，单击直线，选择向右

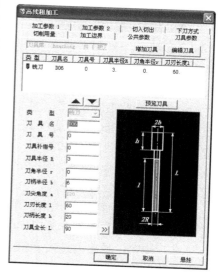

图 5-68　等高线粗加工对话框

箭头，单击鼠标右键确认加工边界，生成加工轨迹。

（6）仿真加工轨迹，单击主菜单加工→实体仿真→选择加工轨迹，单击鼠标右键确定，弹出 CAXA 轨迹仿真窗口，单击加工仿真按钮，弹出仿真加工对话框，单击播放▶按钮，完成仿真，仿真结果如图 5-70 所示。

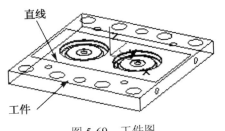

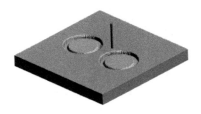

图 5-69　工件图

5-70　仿真结果

（7）生成粗加工 G 代码，单击主菜单加工→后置处理→生成 G 代码，弹出选择后置文件对话框，输入文件名为"20000"（根据加工要求和个人喜好，程序名可任取），单击"保存"按钮，弹出相应对话框，单击"是"按钮，选择轨迹线，如图 5-71 所示，单击鼠标右键确定选择，生成 G 代码，如图 5-72 所示。

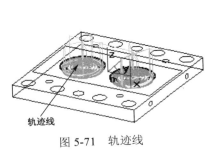

图 5-71　轨迹线

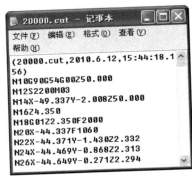

图 5-72　G 代码

（8）编制精加工程序，单击等高线粗加工 按钮，弹出等高线精加工对话框。修改"加工参数 1"，加工方向为"顺铣"，层高为"0.25"，X、Y 向余量为"0"，Z 向余量为"0"，切削行距为"5"，修改"切入切出"，方式为"圆弧"，半径为"5"，角度为"5"；修改"下刀方式"，安全高度为"50"，慢速下刀距离为"3"，跟刀距离为"3"；修改"切削用量"，主轴转速为"2600"，慢速下刀速度为"2000"，切入切出连接速度为"1000"，切削速度为"1160"，退刀速度为"3000"；修改"刀具参数"，刀具名为"D06-R0.6"，刀具半径为"3"，刀角半径为"0.6"，其他各参数为默认值，单击向上▲按钮，单击"确定"按钮。选取工件作为加工对象，单击直线，选择向右箭头，单击鼠标右键确认加工边界，生成加工轨迹。

（9）生成精加工 G 代码，单击主菜单加工→后置处理→生成 G 代码，弹出选择后置文件对话框，输入文件名为"50000"（根据加工要求和个人喜好，程序名可任取），单击"保存"按钮，弹出复选对话框，单击"是"按钮，选择精加工轨迹线，单击鼠标右键确定选择，生成 G 代码。

（10）生成工艺清单，单击主加工菜单→工艺清单，弹出选择工艺清单对话框，输入零件名称为"型腔"，零件图号为"08"，设计为"张三"，工艺为"李四"，校核为"王二"，单击"拾取轨迹"按钮，选择等高线粗加工轨迹和等高精加工轨迹，单击鼠标右键确定选择，单击"生成清单"按钮，单击"确定"按钮，生成工艺清单，如图 5-73 所示。

关键字-刀具

tool.html

项目	关键字	结果
刀具顺序号	CAXAMETOOLNO	1
刀具名	CAXAMETOOLNAME	D06
刀具类型	CAXAMETOOLTYPE	铣刀
刀具号	CAXAMETOOLID	3
刀具补偿号	CAXAMETOOLSUPPLEID	3
刀具直径	CAXAMETOOLDIA	6.
刀角半径	CAXAMETOOLCORNERRAD	0.
刀尖角度	CAXAMETOOLENDANGLE	120.
刀刃长度	CAXAMETOOL	

图 5-73　工艺清单

（11）传送 G 代码前期准备，用"记事本"打开 30000.cut 文件，加工机床为华中数控 HNC-21，在程序第一行添加%0001，将文件另存为 O3000.txt（字母 O 开头），为传送文件做好准备。

（12）传送软件和连接前准备，打开华中数控通信软件传送软件，单击"WinDnc" 按钮，弹出华中数控串口通信软件对话框，单击"参数"按钮，弹出串口参数设置对话框，如图 5-74 所示。修改串口为"COM1"，波特率为"38400"，校验位为"无"，数据位为"8"，停止位为"1"，客户端类型为"非固化"，单击"确定"按钮，单击"打开串口"按钮。使用串口通信线，如图 5-75 所示，连接好计算机与数控机床。

图 5-74　"串口参数设置"对话框　　　图 5-75　串口通信线

（13）机床接收准备，连接好串口通信线后，打开华中数控铣床电源，首先回参考点，按 F10 键回到主操作界面，如图 5-76 所示，单击机床操作板上"设置 F5"按钮，输入传送的参数为"1 38400"→单击机床操作板上"Enter"按钮→"扩展菜单 F10"按钮→"DNC 通讯 F7"按钮→"Y"按钮，进入 DNC 通信界面，如图 5-77 所示。

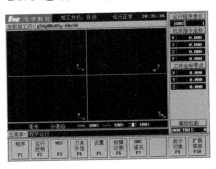
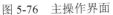

图 5-76　主操作界面

图 5-77　DNC 通信界面

（14）传送程序，单击计算机上华中数控串口通信软件对话框中的"发送 G 代码"按钮，弹出打开对话框，选择粗加工程序，单击"打开"按钮，开始传送文件。

（15）安装刀具，如图 5-78 所示，先将弹簧套与刀柄盖装好，再将刀具装入弹簧套，将螺母上紧，如图 5-79 所示。

图 5-78　弹簧套与刀柄螺母装配

图 5-79　上紧刀柄

（16）Z 轴对刀，将刀柄装上机床，试切工件上表面，如图 5-80 所示，记录 Z 轴的机床坐标值，并装其输入"G54"工件坐标系中。

（17）X 轴、Y 轴对刀，将寻边器装于刀柄，操作机床用触碰方式接触工作的 X 轴、Y 轴两侧，当寻边器触碰，发出声光提示时，如图 5-81 所示，记录对应的 X 轴、Y 轴机床坐标值，计算出工件 X 轴、Y 轴的中心点，并将其输入"G54"工件坐标系中。

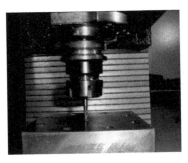

图 5-80　试切工件上表面

图 5-81　寻边器触碰

（18）选择粗加工程序加工型腔，按 F10 键回到主操作界面→"程序 F1"，进入程序选择界面（图 5-82）→"选择程序 F1"→用操作面板方向键选择程序→单击机床操作板上"Enter"按钮→自动 按钮→循环启动 按钮，开始加工。

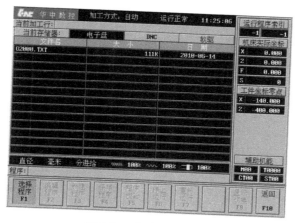

图 5-82　程序选择界面

（19）重复以上操作，传入精加工程序，换精加工铣刀并 Z 轴对刀，启动机床完成精加工，得到合格零件。

（四）推件板

1. 零件图分析（图 5-83）

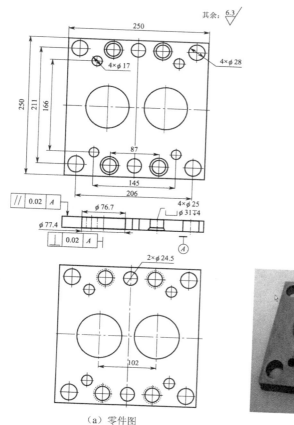

（a）零件图

（b）实体图

图 5-83　推件板

推件板主要起卸料的作用，将包裹在型芯上的塑件推出，主要是配钻、铰孔。

2．加工工艺（表 5-28）

表 5-28　加工工艺

工 序 号	工 序 名 称	工 序 内 容	机 床 设 备
1	钳工	按图划线、打样冲	摇臂钻床
		与脱浇板配钻 4×φ17 通孔	
		与型腔板配钻 2×φ24.5 通孔	
2	铣削	铣内孔达图纸要求，留修配余量单边 0.15	数控铣床
3	检验	检查，验收	

（五）型芯

1．零件图分析（图 5-84）

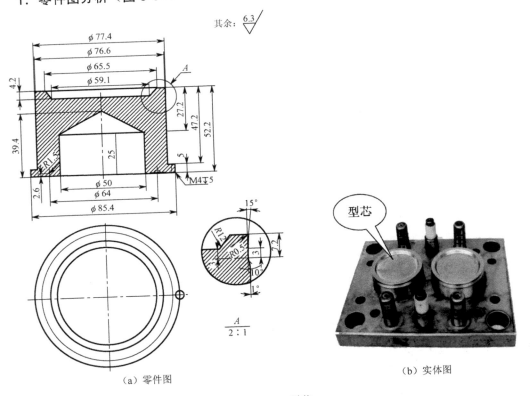

（a）零件图　　　　　　　　　　　（b）实体图

图 5-84　型芯

型芯是成型零件，成型塑件内形，材料为 40Cr，主要是车削加工、抛光及配钻止转孔。

2．加工工艺

通过对型芯零件图的分析，编写型芯加工工艺规程，见表 5-29。

表5-29 型芯加工工艺规程

工 序 号	工 序 名 称	工 序 内 容	机 床 设 备
1	下料	圆钢下料ϕ90×56	锯床
2	车削	三爪装夹ϕ90棒料，伸出长度48	数控车床
		平端面	
		粗、半精车外形尺寸，留精车余量0.2	
		精车外形尺寸，达图纸要求	
		掉头装夹平端面，控制全长为52.2	
		钻ϕ50孔，深25	
		车端面槽3×2.8	
		车外圆ϕ85.4，倒棱	
3	检验	检查、验收	

3．加工前的准备

（1）设备

加工型芯须使用带锯机、数控车床等设备。

（2）工、量、刃具

加工型芯须使用的工、量、刃具，如图5-85所示。

（a）数控端面车刀　　　　　　　　　　　　（b）三爪卡盘

图5-85 工、量、刃具

4．程序编制

程序编制采用 CAXA 数控车 2008 软件进行辅助编程，只需要将零件的外形绘制一半出来，指定刀具参数、切削参数、切削方式、进退刀方式等，计算机即可帮助我们生成相应加工程序，软件简单，易上手。软件界面如图5-10所示。

（1）绘制直线，单击直线 ╱ 按钮，输入直线第一坐标点"-4.2.0"回车，输入直线第二坐标点"-4.2，29.55"回车，输入直线第三坐标点"0，32.75"回车，输入直线第四坐标点"0，38.25"回车。

（2）绘制角度线，单击直线 ╱ 按钮，选择提示栏内直线样式为"角度线"，角度线形式为"X 轴夹角"，直线长度控制方式为"到点"，修改与 X 轴夹角为"10"度，如图 5-86 所示，选取直线上端点为直线第一点，将鼠标移动至直线左侧，如图 5-87 所示，输入长度"4.3"回车，再次单击直线 ╱ 按钮绘制直线，选取上一直线终点为起点，将鼠标移动至直线起点左侧，输入长度"3"回车。

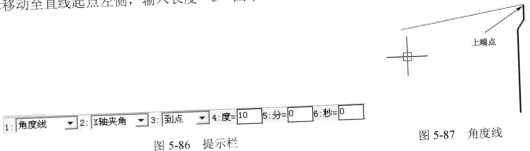

上端点

图 5-86　提示栏　　　　　　　　　　图 5-87　角度线

（3）绘制直线，单击直线 ╱ 按钮，选择提示栏内直线样式为"两点线"，直线形式为"连续"，直线类型为"非正交"，如图 5-88 所示。选择上一直线终点为起点，输入直线第二坐标点"–27.2，38.7"回车，输入直线第三坐标点"–47.2，38.7"回车，输入直线第四坐标点"–47.2，42.7"回车，输入直线第四坐标点"–52.2，42.7"回车，输入直线第五坐标点"–52.2，0"回车，输入直线第六坐标点"–4.2，0"回车，结果如图 5-89 所示。

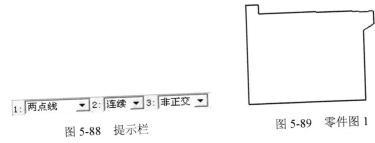

图 5-88　提示栏　　　　　　　　　　图 5-89　零件图 1

（4）绘制毛坯轮廓，单击直线 ╱ 按钮，选择提示栏内直线样式为"两点线"，直线形式为"连续"，直线类型为"非正交"，输入直线第二坐标点"–4.2，0"回车，输入直线第二坐标点"1，0"回车，输入直线第三坐标点"1，44"回车，输入直线第四坐标点"–52.2，44"回车，输入直线第四坐标点"–52.2，42.7"回车，输入直线第五坐标点"–52.2，42.7"回车，结果如图 5-90 所示。

（5）倒圆角，单击倒过渡 ╱ 按钮，选择提示栏内过渡样式为"圆角"，圆角形式为"裁剪"，半径为"0.5"，如图 5-91 所示，靠近圆角处选择两条需要圆角的直线，同理将其余尖角全部倒圆角。

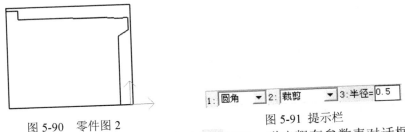

图 5-90　零件图 2　　　　　　　　　图 5-91　提示栏

（6）生成外圆加工轨迹，单击轮廓粗车 ▤ 按钮，弹出粗车参数表对话框。修改"加工参数"，加工表面类型为"外轮廓"，加工余量为"0"，切削行距为"1"，加工角度为"180"；修改"进退刀方式"，每行相对毛坯进刀方式为"垂直"，每行相对加工表

图 5-92　轮廓车刀参数设置

面进刀方式为"垂直"，每行相对毛坯退刀方式为"垂直"，每行相对加工表面退刀方式为"垂直"；修改"切削用量"，接近速度为"1000"，退刀速度为"2000"，进刀量为"140"，单位为"mm/min"，主轴转速选项为"恒转速"，主轴转速为"1200"r/min；修改"轮廓车刀"各参数，如图 5-92 所示，单击"确定"按钮。

（7）生成粗车外圆程序，如图 5-93 直线所示，选取直线 1，弹出红色提示箭头，选取向上箭头，选取直线 3，完成加工轮廓的选取，选取直线 2，选取右边箭头，选取直线 4，根据数控加工工艺要求，在适当的位置单击鼠标，设置进退刀点，生成车削刀轨，如图 5-94 所示。

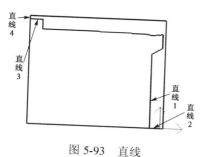

图 5-93　直线

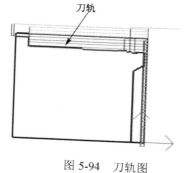

图 5-94　刀轨图

（8）绘制毛坯轮廓，单击直线 ✏ 按钮，选择提示栏内直线样式为"两点线"，直线形式为"单个"，直线类型为"正交"，先选交点 1 为起点，在垂点附近选择直线 5，得到水平直线，如图 5-95 所示。单击修剪 ✂ 按钮，修改提示栏内为"快速修剪"方式，选取直线 5 垂点上部分，将直线 5 垂点上部分剪掉。

（9）生成加工轨迹，单击轮廓粗车 ▱ 按钮，弹出粗车参数表对话框。修改"加工参数"，加工表面类型为"内轮廓"，加工余量为"0"，切削行距为"1"，加工角度为"180"；修改"进退刀方式"，每行相对毛坯进刀方式为"垂直"，每行相对加工表面进刀方式为"垂直"，每行相对毛坯退刀方式为"垂直"，每行相对加工表面退刀方式为"垂直"；修改"切削用量"，接近速度为"1000"，退刀速度为"2000"，进刀量为"140"，单位为"mm/min"，主轴转速选项为"恒转速"，主轴转速为"1200"r/min；修改"轮廓车刀"各参数，如

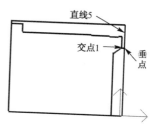

图 5-95　直线

图 5-96 所示，单击"确定"按钮。

（10）生成粗车端面程序，如图 5-97 所示，选取直线 6，弹出红色提标箭头，选取向上箭头，选取直线 7，完成加工轮廓的选取，选取直线 8，选取右边箭头，选取小水平直线 9，在适当的位置单击鼠标，设置进退刀点，生成车削刀轨，如图 5-98 所示。

图 5-96　轮廓车刀参数设置

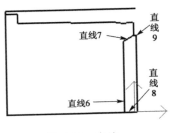

图 5-97　直线

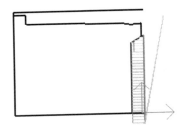

图 5-98　刀轨图

（11）生成程序，单击代码生成 按钮，弹出选择后置文件对话框，输入文件名为"10000"（根据加工要求和个人喜好，程序名可任取），单击"打开"按钮，弹出相应对话框，单击"是"按钮，选择轨迹线 1，如图 5-99 所示，单击鼠标右键确定选择，生成 G代码，如图 5-100 所示，同理生成端面加工程序。

（12）传送程序，用"记事本"打开"10000.cut"文件，加工机床为华中数控 HNC—21，在程序第一行添加%0001，将文件另存为 O1000.txt（字母 O 开头），为传送文件做好准备，单击计算机上华中数控串口通信软件对话框中的"发送 G 代码"按钮，弹出打开对话框，选择粗加工程序，单击"打开"按钮，开始传送文件。

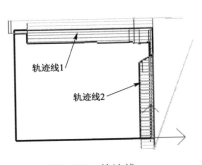

图 5-99　轨迹线

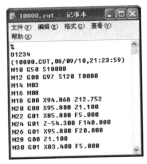

图 5-100　G 代码

（六）型芯固定板

1．零件图分析（图 5-101）

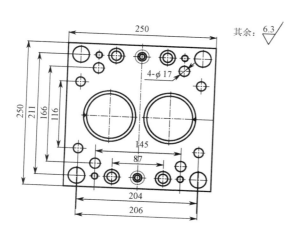
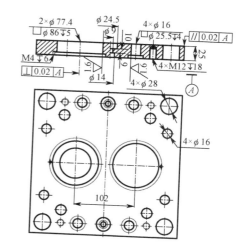

（a）零件图

型芯固定板　　导柱

（b）实体图

图 5-101　型芯固定板

型芯固定板是用于固定型芯的板件，主要切割固定型芯孔及配钻、铰孔。

2．加工工艺（表 5-30）

表 5-30　加工工艺

工 序 号	工 序 名 称	工 序 内 容	机 床 设 备
1	铣削	按图铣固定型芯阶梯孔	
2	钳工	与脱浇板配钻 ϕ17 通孔	摇臂钻床
		与型腔板配钻 ϕ24.5 孔，深 10	
		钻 ϕ9 通孔，沉孔 ϕ14，深 9	
		与型芯组装后，配钻 ϕ3.3 螺纹孔，深 6	
		倒角、去锐	
		攻 M4 螺纹	
3	检验	检查验收	

（七）塑料拉钩定位轴

1．零件图分析（图 5-102）

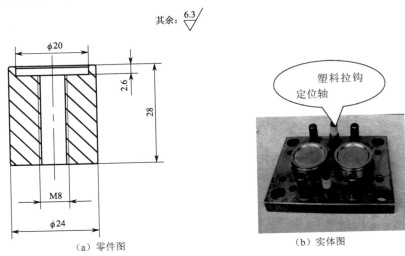

（a）零件图　　　　　　　　（b）实体图

图 5-102　塑料拉钩定位轴

塑料拉钩定位轴是固定塑料拉钩的零件，材料为 45＃钢，主要是车削外圆及钻孔、攻丝。

2．加工工艺（表 5-31）

表 5-31　加工工艺

工 序 号	工 序 名 称	工 序 内 容	机 床 设 备
1	下料	圆钢下料 $\phi25\times36$	锯床
2	车削	三爪装夹 $\phi25$ 棒料，伸出长度 30	车床
		平端面，钻中心孔	
		车外圆至 $\phi24$，控制长度 28	
		钻螺纹底孔 $\phi6.5$ 并攻 M8 螺纹	
		镗孔 $\phi20$，深 2.6	
		掉头装夹平端面，控制全长 28，倒棱	
3	检验	检查、验收	

（八）支承板

1．零件图分析（图 5-103）

支承板的主要作用是防止成型零件和导向零件轴向移动并承受成型压力及冷却，加工主要是钻冷却水孔及配钻孔。

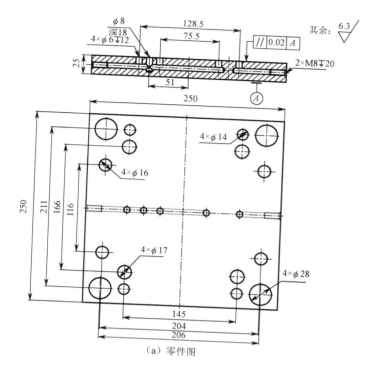

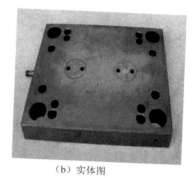

(a) 零件图

(b) 实体图

图 5-103 支承板

2. 加工工艺（表 5-32）

表 5-32 加工工艺

工 序 号	工 序 名 称	工 序 内 容	机 床 设 备
1	钳工	按图划线、打样冲	摇臂钻床
		与脱浇板配钻 4×φ17 通孔	
		钻 4×φ6 水孔，深 12	
		钻 φ8 堵孔，深 18	
		钻 φ6 冷却水孔，螺纹底孔 φ6.5，深 20	
		倒角、去锐	
		攻 M8 螺纹	
2	检验	检查，验收	

（九）动模座板

1. 零件图分析（图 5-104）

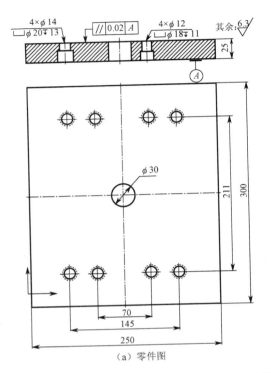

（a）零件图　　　　　　　　　　（b）实体图

图 5-104　动模座板

动模座板是把动模部分固定在注射机工作平台上的零件，主要加工顶出孔。

2．加工工艺（表 5-33）

表 5-33　加工工艺

工 序 号	工 序 名 称	工 序 内 容	机 床 设 备
1	钳工	按图划线、打样冲	摇臂钻床
		钻 $\phi30$ 通孔	
2	检验	检查，验收	

四、模具装配

模具装配工序见表 5-34。

表 5-34　模具装配工序

工 序 号	工 序 名 称	工 序 内 容	机 床 设 备	夹 具
1	定模 部分的组装	将脱胶板与定模板经导柱、导套定位压紧		
		通过脱浇板上的螺钉孔以及拉料杆孔在上模座板上钻出锥窝，并配钻、铰 $\phi12$ 浇口套孔	钻床	压板
		在上模座板上钻孔、扩孔	钻床	压板
		钻沉头孔	钻床	压板
		将脱胶板与型腔板经导柱、导套定位压紧		
		通过脱浇板上的螺钉孔在型腔板上钻出锥窝	钻床	压板

工 序 号	工序名称	工序内容	机床设备	夹　具
				续表
3	动模部分的组装	将动模部分紧固，把动模座板、垫板、支承板、动模板用螺钉紧固		
		修磨复位杆顶端面，检查推杆机构是否灵活		
		将推件板套在动模板上，用红丹检查，钳工修配推件板与型芯配合面达图纸要求		
		将支承板、动模板、推件板、型腔板夹紧，钻孔		
		卸去型腔板，扩孔ϕ17	钻床	压板
		钻型腔板上沉头孔	钻床	压板
			钻床	压板
		卸掉螺钉，将型腔板、推件板、动模板夹紧，钻ϕ24.5孔	钻床	压板
		钻沉头孔、攻丝		
		将下模部分用螺钉紧固	钻床	压板
4	试模	试模并将样品送检		
5	辅助	上油、编号、入库	冲床	

五、模具调试及试模

参照本项目课题一的模具调试及试模。

六、小结

1．分析模具

（1）分析单分型面与双分型面的区别。
（2）严格按照安全操作规程加工。
（3）模具零件加工主要采用了车床、铣床、平面磨床、摇臂钻床等设备。
（4）模具的型芯、型腔采用了数控车、加工中心、铣、雕刻机加工。

2．模具装配

（1）首先进行模具的部装。
（2）用红丹检查型芯、型腔的配合及推件板与型芯的配合。
（3）用螺钉固定，并检查推杆机构是否灵活。

3．注射、试模

（1）严格按照安全操作规程加工。
（2）将模具装配在注射机上，把定位圈嵌入前模板的定位孔内。
（3）设定参数，调整开模行程。
（4）进行试模。

附 录

附录1 模具拆装安全操作规程

1．模具搬运时，注意上、下模在合模状时用双手（一手扶上模，另一手托下模）搬运，注意轻放、稳放。

2．进行模具拆装工作前必须检查工量具是否齐全，并按手用工具安全操作规程操作，注意正确使用工量具。

3．拆装模具时，首先应了解模具的工作性能，基本结构及各部分的作用，按次序拆装。

4．在拆卸和测量工作零件时，要注意刃口，刃口一般都很锋利，不小心会划伤人；不要损坏刃口。

5．拆卸零部件应尽可能按顺序摆放，不要乱丢乱放，工作地点要经常保持清洁，通道不准放置零部件或者工具。

6．拆卸模具的弹性零件时应防止零件突然弹出伤人。

7．传递物件要小心，不得随意投掷，以免伤及他人。

8．不能用拆装工具玩耍、打闹，以免伤人。

9．工作结束后，整理工量具放到指定的位置，做好交接手续。清理场地，保持清洁。

附录2 锯床安全操作规程

1．操作前要穿紧身防护服，袖口扣紧，上衣下摆不能敞开，严禁戴手套，不得在开动的机床旁穿、脱换衣服，或围布于身上，防止机器绞伤。必须戴好安全帽，辫子应放入帽内，不得穿裙子、拖鞋。

2．机器开动前做好一切准备工作，虎钳安装使锯料中心位于料锯行程中间。原料在虎钳上放成水平，与锯条成直角；若要锯斜角度料，则先把虎钳调整成所需角度，锯料尺寸不得大于该机床最大锯料尺寸。

3．锯条必须拉紧，锯前试车空转3～5分钟，以打出液压筒中和液压传动装置上各油沟中的空气，并检查锯床有无故障、润滑油路是否正常。

4．锯割管材或薄板型材，齿距不应小于材料的厚度。在锯割时应将手柄退到慢的位置，并减少进刀量。

5．锯床在运转中，不准中途变速，锯料要放正、卡紧、卡牢，按材质硬度和锯条质量决定进刀量。

6．必须专用液压油和润滑油液压传动及润滑装置中，冷却液必须清洁，并按周期替换或过滤。

7．在材料即将锯断时，要加强观察，注意安全操作。

8．工作完毕，切断电源，把各操纵手柄放回空位上，并做好打扫工作。

9．机床运转时如发现故障，应立即停车报告修理。

附录3　钻床安全操作规程

1．操作前要穿紧身防护服，袖口扣紧，上衣下摆不能敞开，严禁戴手套，不得在开动的机床旁穿、脱换衣服，或围布于身上，防止机器绞伤。必须戴好安全帽，辫子应放入帽内，不得穿裙子、拖鞋。

2．开车前应检查机床传动是否正常、工具、电气、安全防护装置，冷却液挡水板是否完好，钻床上保险块，挡块不准拆除，并按加工情况调整使用。

3．摇臂钻床在校夹或校正工件时，摇臂必须移离工件并升高，刹好车，必须用压板压紧或夹住工作物，以免回转甩出伤人。

4．钻床床面上不要放其他东西，换钻头、夹具及装卸工件时须停车进行。带有毛刺和不清洁的锥柄，不允许装入主轴锥孔，装卸钻头要用楔铁，严禁用手锤敲打。

5．钻小的工件时，要用台虎钳，钳紧后再钻。严禁用手去停住转动着的钻头。

6．薄板、大型或长形的工件竖着钻孔时，必须压牢，严禁用手扶着加工，工件钻通孔时应减压慢速，防止损伤平台。

7．机床开动后，严禁戴手套操作，清除铁屑要用刷子，禁止用嘴吹。

8．钻床及摇臂转动范围内，不准堆放物品，应保持清洁。

9．工作完毕后，应切断电源，卸下钻头，主轴箱必须靠近端，将横臂下降到立柱的下部边端，并刹好车，以防止发生意外。同时清理工具，做好机床保养工作。

附录4　铣床安全操作规程

1．铣床开动前，必须用毛刷或软布清除铣床上的灰尘、油垢和铁屑等杂物。对台面、导轨面、丝杠等各滑动面，均应擦静上油。

2．在切削加工前，应注意各变速手柄、进给手柄和紧固手柄是否放在规定和需要的位置。

3．铣床开动后，应注意各油窗是否正常出油，各游标内的润滑油是否达到规定的标线。

4．在变速前应停车，否则容易碰毛和打坏齿轮、离合器等传动零件。

5．选择适宜的切削用量，不能超负荷工作。工件和夹具的重量也应与铣床的承载能力相适应。

6．工作中，不应将不需用的工具、工件及其他杂物放在工作台上。

7．在工作过程中，若要离开，必须关掉铣床。

8．工作完毕后，必须清除铣床上的铁屑、油污等杂物。尤其对各滑动面和传动件，一定要擦静，并涂上润滑油。

附录5　车床安全操作规程

1. 穿戴紧身的工作服和合适的工作鞋，袖口扎紧，不戴手套操作，长头发要塞入帽内。
2. 机床运转前，各手柄必须推到正确的位置上，然后空车运转3～5分钟，确认正常后才能正式开始工作。
3. 卡盘扳手使用完毕后，必须及时取下，否则不能启动机床。
4. 使用摇动手柄时，动作要均匀，注意掌握好进刀与退刀的方向，切勿搞错。
5. 操作时，要求戴上护目镜，头不能离工件太近，防止切屑飞进眼内。手和身体不能靠近正在旋转的机件，如车头、外悬挂齿轮、皮带轮、皮带等。
6. 机床工作时，人不得离开。工件和刀具必须安装牢固，防止飞出伤人。不能去度量旋转的工件，也不能用手、物触摸工件表面。
7. 加工产生的切屑，不能直接用手拉扯，应用专门工具清除（如刷子、铁钩等）。
8. 不能用手去制动旋转的主轴，更不能随便装拆机床及电气设备。
9. 多人共用一台车床时，只能一人操作，并且注意他人的安全。
10. 加工完毕后，切断电源，清扫机床，擦净后上润滑油。

附录6　数控线切割机床安全操作规程

1. 按机床的润滑要求加油，做到合理润滑，防止研磨事故发生。
2. 各项操作开关位置必须正确，操作必须灵活。
3. 电器开关的门必须关闭，防护罩必须齐全，安装正确。
4. 工件必须安装牢固，导线连接要牢固，工作前检查冷却液是否有，能否正常喷射。
5. "走丝"电机最好在刚换向后关断，不要随意关闭总开关，否则可能使贮丝筒在惯性作用下越出限位开关，拉断钼丝。
6. 清除废丝必须关断总电源，否则撞块碰上行程开关可以启动走丝电机，容易发生事故，废丝应揉成小团。放在箱内，不要随地乱扔。
7. 高频电源开启前，必须先开走丝电机，否则钼丝碰到工件即会烧断丝，也不可双手同时接触工件和床身，以免高频电源麻电。
8. 在使用手柄转动贮丝筒后，应立即取下手柄，以免疏忽，开启走丝电机时，手柄飞出伤人。
9. 在换冷却液时，拆下油泵电机后，不能随意乱放，应使电机头高于水轮，以免水流入电机头。
10. 工作完后，应打扫工作场地，擦拭工作台，床身等，涂油保养。

附录7　电火花机床安全操作规程

1. 机床操作前应充分了解机床各部分工作原理，结构性能，操作程序及总停开关部位。
2. 在机床工作地周围必须备有消防设备，并使操作者掌握如何使用。
3. 由于在加工时会产生烟雾，所以应备有通风排烟设施。

4. 工作台面要求加工精度高,因此禁止工件加工时直接接触工作台面和在工作台面上推移,以防止划伤工作台面。

5. 重工件安放在工作台上时要轻放。

6. 该机床工作环境温度应少于 35 ℃。

附录 8　数控车床安全操作规程

1. 工作时,请穿好工作服和安全鞋、戴好工作帽和防护镜,不允许戴手套操作机床,也不允许扎领带。

2. 开机前,操作者应按机床使用说明书规定给相关部位加油,并检查油标、油量、是否畅通有油。开车前,应检查数控车床各部件机构是否完好、各按钮是否能自动复位。

3. 机床工作台面上、机床防护罩顶部不允许放置工具、工件及其他杂物。不要在数控车床周围放置障碍物,工作空间应足够大。

4. 机床开机应遵循先回零、手动、点动和自动的原则,机床运行应遵循先低速、中速、再高速的运行原则,其中低、中速运行时间不少于 2～3 分钟。当确定无异常情况后,方能进行工作。

5. 操作者必须遵循机加工工艺守则和数控机床加工工艺守则。

6. 严禁在卡盘上、顶尖间敲打,校直和修正试件,必须确认试件和刀具夹紧后,方可进行下步工作。加工程序必须经过严格检查方可进行操作运行。

7. 主轴开启开始切削之前一定要关好防护门,程序正常运行中严禁开启防护门。

8. 手动对刀时,应注意选择合适的进给速度;手动换刀时,刀架距工件要有足够的转位距离不至于发生碰撞;在更换刀具、工件、调整工件或离开机床时必须停机,禁止用手或其他任何方式接触正在旋转的主轴、工件或其他运动部位。

9. 加工过程中,如出现异常危机情况可按下"急停"按钮,以确保人身安全和设备安全。机床在工作中发生故障或产生不正常现象时应立即停机,保护现场,同时应立即报告设备主管。

10. 不允许采用压缩空气清洗机床、电气柜及 NC 单元。

11. 禁止用手接触刀尖和铁屑,必须要用铁钩子或毛刷来清理。

12. 加工完毕后,应清扫机床,保持清洁,将工作台移至中间位置并切断电源。

附录 9　数控铣床/加工中心安全操作规程

1. 工作时,请穿好工作服和安全鞋、戴好工作帽和防护镜,不允许戴手套操作机床,也不允许扎领带。

2. 开机前,操作者应按机床使用说明书规定给相关部位加油,并检查油标、油量、是否畅通有油。开车前,应检查数控车床各部件机构是否完好、各按钮是否能自动复位。

3. 机床工作台面上、机床防护罩顶部不允许放置工具、工件及其他杂物。不要在数控车床周围放置障碍物,工作空间应足够大。

4．开机后先进行机床 Z 轴回零后，再进行 X、Y 轴回零和刀库回零操作，回零过程中注意机床各轴的相对位置，避免回零过程中发生碰撞。

5．机床开机应遵循先回零、手动、点动和自动的原则，机床运行应遵循先低速、中速、再高速的运行原则，其中低、中速运行时间不少于 $2\sim3$ 分钟。当确定无异常情况后，方能进行工作。

6．操作者必须遵循机加工工艺守则和数控机床加工工艺守则。

7．铣刀和工件必须夹紧，自动换刀时，为防止刀柄脱落，必须确定刀具和刀柄已经夹紧，方可进行下一步工作。

8．仔细检查程序编制、参数设置、动作顺序、刀具干涉等环节是否正确，并进行程序校验无误后方可自动加工。操作者在更换刀具、工件、调整工件或离开机床时必须停机。

9．机床上的保险和安全防护装置，选手不得任意拆卸和移动，机床在自动加工时必须关闭好安全防护门。

10．加工过程中，如出现异常危机情况可按下"急停"按钮，以确保人身安全和设备安全；机床在工作中发生故障或产生不正常现象时应立即停机，保护现场，同时应立即报告设备主管。

11．及时清理切屑，若使用气枪或油枪清理切屑时，主轴上必须有刀；禁止使用气枪或油枪吹主轴锥孔，避免切屑等微小颗粒杂物被吹入主轴孔内，影响主轴精度。

12．加工完毕后，应清扫机床，保持清洁，将工作台移至中间位置并切断电源。

附录10　磨床安全操作规程

1．按机床要求选用合适的砂轮。

2．新砂轮必须经过两次静平衡，并以工作转速进行不少于 5 分钟的空运转，正常后方可工作。

3．工作时应先将磁力盘擦拭干净，然后接通磁力盘，检查是否牢固。

4．刚开始磨削时，进给量要小，切削速度要慢。

5．主轴旋转后，方能打开冷却水，磨削工作停止时，应先关闭冷却水，禁止用冷却水冲刷静止的砂轮，否则有爆裂的危险。

6．不准磨削薄的铁板，不准用砂轮端面磨削工件端面。

7．机床停机时，砂轮应停在非磨削区，便于装卸工件。

8．加工完毕后，切断电源，清扫机床。

附录11　冲床安全操作规程

1．冲床应专人使用，严禁其他人员操作，学生实训必须在老师指导下进行。

2．一般禁止两人以上同时操作冲床。若需要时，必须有专人指挥并负责脚踏装置的操作。不要将脚经常搁置于脚踏板上，以防不慎踏下踏板，发生事故。

3．本机床严禁逆转，离合器严禁无油运转。

4．工作前，应检查冲床防护装置是否齐全，飞轮运转是否平稳；脚踏装置上部及两侧有无防护，操作是否可靠灵活；将机床空转 1～3 分钟。机床有故障时严禁操纵。并清除工作场地中防碍操作的物件。

5．必须核定冲裁力，严禁超负荷冲压。

6．安装、拆卸模具时，必须先切断电源。

7．模具安装必须牢固可靠。调整闭合高度时采用手动或点动的方法，逐步进行，在确认调好之前，禁止连车。

8．工作中身体任何部分严禁进入模具范围，进料卸料应有专门工具。

9．禁止夹层进料冲压，必须清除前次冲件或余料后才可进行第二次进料。

10．必须经常检查模具安装情况，如有松动或滑移应及时调整。

11．刀口磨损到毛刺超标前，应及时修磨刀口。

12．工作结束后必须切断电源。

13．拆卸模具时，必须在合模状态下进行。

附录12　注射机安全操作规程

1．开机前检查注射机各仪表指示及机床安全机构是否正常。

2．打开机床后，先用手动的方法操作机床，观察其运行是否正常，并听其声音是否正常。

3．发现机床有异常声音或机构失灵，应立即关闭电源开关，进行检查。

4．加热时到指定温度以后还要继续加热 20 分钟以上，才能进行预热。

5．试模时必须先用低压注射，然后再逐渐升高，不能开始就用高压注射。

6．试模过程中，在模具闭合的最后一小段距离时，应使用低压合模以保护模具。

7．带侧抽芯机构的模具第一次合模时要手动操作，点动合模。

8．爱护注射机，塑料模具、工具、量具和仪器。

9．工作完毕后，必须在模具松开的状态下关机，并清理工作现场。

附录13　砂轮机安全操作规程

1．非实训需要，不得随意开动砂轮机。

2．砂轮必须有防护罩，凡防护罩脱落的砂轮不可使用。

3．开动砂轮机后必须观察砂轮旋转方向是否正确（要向下旋转），并要等到速度稳定后才可使用。

4．操作时应站在砂轮的侧面，以防砂轮破裂碎片飞出伤人。

5．为了避免铁屑飞溅伤害眼睛，刃磨时戴好防护眼。

6．两手握紧刃具，两肘夹紧减小抖动。不能使用棉纱裹住刀具进行刃磨。

7．刀具应放在砂轮水平中心，接触砂轮后作左右方向水平移动。

8．刃磨时对砂轮施加的压力不可太大，发现砂轮表面跳动时，应及时关机进行检修。

9．一片砂轮不可两人同时使用。

10．人走关机，切断电源。

反侵权盗版声明

电子工业出版社依法对本作品享有专有出版权。任何未经权利人书面许可，复制、销售或通过信息网络传播本作品的行为；歪曲、篡改、剽窃本作品的行为，均违反《中华人民共和国著作权法》，其行为人应承担相应的民事责任和行政责任，构成犯罪的，将被依法追究刑事责任。

为了维护市场秩序，保护权利人的合法权益，我社将依法查处和打击侵权盗版的单位和个人。欢迎社会各界人士积极举报侵权盗版行为，本社将奖励举报有功人员，并保证举报人的信息不被泄露。

举报电话：（010）88254396；（010）88258888

传　　真：（010）88254397

E-mail：　dbqq@phei.com.cn

通信地址：北京市万寿路 173 信箱

　　　　　电子工业出版社总编办公室

邮　　编：100036